中国蜂业经济研究

（第二卷）

赵芝俊 等著

中国农业科学技术出版社

图书在版编目（CIP）数据

中国蜂业经济研究．第二卷 / 赵芝俊等著．—北京：中国农业科学技术出版社，2019.12

ISBN 978-7-5116-4512-8

Ⅰ.①中… Ⅱ.①赵… Ⅲ.①养蜂业-农业经济-研究-中国 Ⅳ.①F326.3

中国版本图书馆 CIP 数据核字（2019）第 256890 号

责任编辑 张国锋
责任校对 马广洋

出 版 者 中国农业科学技术出版社
北京市中关村南大街 12 号 邮编：100081
电　　话 (010)82106636(编辑室) (010)82109702(发行部)
(010)82109709(读者服务部)
传　　真 (010)82106631
网　　址 http://www.castp.cn
经 销 者 各地新华书店
印 刷 者 北京建宏印刷有限公司
开　　本 710mm×1 000mm 1/16
印　　张 10.75
字　　数 196 千字
版　　次 2019 年 12 月第 1 版 2019 年 12 月第 1 次印刷
定　　价 60.00 元

为中国养蜂学会成立40周年献礼！

《中国蜂业经济研究（第二卷）》
著写人员名单

岗位科学家：

赵芝俊　中国农业科学院农业经济与发展研究所 研究员

主要成员：

孙翠清　博士　中国农业科学院农业经济与发展研究所 副研究员

高　芸　博士　中国农业科学院农业经济与发展研究所 副研究员

刘　剑　中国农业科学院农业经济与发展研究所 助理研究员

张社梅　博士　四川省农村发展研究中心 研究员

毛小报　浙江省农业科学院农村发展研究所 副研究员

柯福艳　博士　浙江省农业科学院农村发展研究所 副研究员

刘朋飞　中国农业科学院蜜蜂研究所 副研究员

李瑞珍　中国农业科学院蜜蜂研究所 助理研究员

李树超　博士　青岛农业大学经济管理学院 教授

李敬锁　博士　青岛农业大学经济管理学院 教授

徐国钧　福建农林大学 副教授

席桂萍　博士　河南财经政法大学 讲师

钱加荣　博士　中国农业科学院农业经济与发展研究所 副研究员

麻吉亮　博士　中国农业科学院农业经济与发展研究所 助理研究员

罗　慧　中国农业科学院农业经济与发展研究所 博士研究生

陈　耀　甘肃农业大学财经学院 副教授

张　柳　四川省农村发展研究中心 硕士研究生

陈永朋　中国农业科学院农业经济与发展研究所 硕士研究生

本书顾问：

吴　杰　国家蜂产业技术体系首席科学家

特别鸣谢：

体系办公室

育种研究室

病虫害防控与质量监控研究室

饲养与机具研究室

加工研究室

授粉研究室

蜂业经济研究室

各综合试验站：

北京、晋中、吉林、金华、东营、新乡、武汉、成都、天水、扬州、海南、乌鲁木齐、红河、南宁、广州、拉萨、重庆、兴城、延安、牡丹江、南昌、固原等实验站，及受访养蜂户、农户、企业和地方政府部门的大力支持。

前 言

自国家蜂产业蜂技术体系诞生以来，蜂产业经济岗位根据农业部科教司产业技术处的统一部署，并针对蜂产业发展过程中遇到的突出问题，分别从产业技术体系重点任务经济影响评价、蜂产业要素投入变化及经济效益评估分析、蜂产品市场变化及趋势分析、蜂产品市场变化及趋势分析、蜂产业发展趋势与政策建议、蜂产业发展政策研究，以及诸如蜂产业信息化、机械化相关问题研究、主要蜜源作物变化及其对蜂产业的影响分析、蜂产业精准扶贫模式与对策研究、蜜蜂授粉产业化相关问题及推进政策研究等角度展开研究，取得了丰硕的成果，先后共发表了100多篇学术论文，也产生了一定的社会影响。近年以来，课题组紧扣影响养蜂业发展的重点和关键问题开展研究，力求为蜂产业发展提供有力的支撑。本著作就是在这些研究成果的基础上，根据研究内容的逻辑关系，以及对蜂业发展的影响程度，选择了“蜂产业的技术需求及影响因素分析；我国养蜂收益的影响因素分析；基于CMS模型的日本蜂蜜进口贸易研究；美国蜂蜜价格支持政策及其对我国的启示；对区域农产品质量安全管理的制度探索；正外部性产业补贴政策模拟方案与效果预测；制约养蜂车推广的原因分析和解决途径；蜂农销售渠道选择的影响因素分析；农产品差异定价影响因素及策略探讨；消费者网购蜂蜜意愿的影响因素研究；供给侧结构改革背景下推进我国特色农业转型发展的思考；制度创新、人文关怀与养蜂专业合作社的治理探讨；‘平武中蜂+’扶贫模式制度特征及政策启示分析；中国养蜂直接支持政策现状与对策分析”等14篇文章。这些文章分别从不同的侧面分析了我国蜂业发展面临的问题及解决的对策思路，其共同特征是注重以调研为基础，以现代经济学理论与分析方法为手段，以解决实际工作中遇到的问题为目标。当然，这部著作只是团队研究工作的一小部分，今后我们还将根据情况和主题的不同，选择出版更多的研究专著。同时也希望通过与其他体系研究的交流，不断完善研究内容、研究方法，使团队的研究工作能有一个大的提升，为我国蜂业经济发展做出力所能及的贡献。

国家蜂产业技术体系经济岗位首席科学家　赵芝俊

2019年10月

目　录

蜂产业的技术需求及影响因素分析

张社梅

我国是世界养蜂大国，蜂群数量和蜂产品产量多年来一直稳居世界首位。随着人们生活水平的不断提高，对蜂蜜、蜂王浆等蜂产品的需求越来越多，要求也越来越高，这对蜂农技术管理水平提出了更新更高的要求。虽然近年来我国在蜂产业技术研发方面取得重大进展，但是目前我国蜜蜂养殖总体上仍采用传统的养殖模式，科技含量不高，技术应用不足，制约了蜂养殖业的蓬勃发展。在此背景下，研究蜂产业的技术需求及影响因素，明确科技政策支持的重点领域和导向，对于提高蜂产业的经济效益和推动蜂养殖科技研发具有十分重要的现实意义。

从目前的研究现状来看，国内学者对农户的技术需求及其采纳行为方面的研究成果颇丰。对农户技术采用意愿的研究，通常是通过对农户技术需求进行排序，来明确技术创新的目标和推广的合理方式，而影响农户采用技术的具体因素研究，则通常是从农户的个体特征、收入水平、耕地面积、是否参加技术培训等方面分析农民选择农业技术的影响因素。如关俊霞等（2007）对南方四省 434 个农户农业生产的技术需求进行了调查研究，发现农户对新品种的需求排在第一位，省工技术和病虫害防治技术分别排在第二位、第三位；农户的性别、年龄、受教育程度等对于技术需求均有不同程度的影响。张耀刚等（2007）对江苏省 170 户种植业农户的农业技术需求进行了研究，发现病虫害防治技术排在种植业农户技术需求的第一位，其次是新品种服务、施肥技术、栽培管理技术等。柯福艳等（2011）采用随机前沿生产函数模型对我国 209 户家庭养蜂技术效率进行测量，并进行深入研究，发现参加合作社并不能提高蜂农的养蜂技术效率，非成熟蜜比重过高降低了蜂农的养蜂技术效率，蜂农的受教育程度、养蜂收入占家庭收入比重及其在村中的相对收入地位低均对养蜂技术效率产生同向影响，而且我国家庭养蜂业技术效率不高，地区之间差异较大。总体来看，已有关于农户技术需求及技术采纳行为的研究比较多，但大多数研究集中在种植业，对养殖业的研究较少，尤其是对特色经济动物的研究更少。而对蜂产业经济问题的研究则多从宏观层面的政策、贸易等方面入手，从微观领域来研究蜂农技术需求及其影响因素的文献比较少。

基于上述情况，参考已有研究成果，并借助蜂产业技术体系已构建的数据库，对当前我国蜂农的技术需求进行排序和分析，并对影响蜂农技术采纳的影响因素进行甄别，有针对性地提出促进蜂业科技研发和推广应用的相关政策建议。

一、数据来源

从2009年开始，蜂产业技术体系产业经济课题组在江西省、北京市、河南省、湖北省、山东省、山西省、四川省、浙江省8省（市）建立了固定蜂农观察点，2011年又新增吉林、甘肃两省。本报告中所用数据均来自于蜂产业技术体系产业经济课题组已构建的数据库。样本分布均匀且具有代表性，2009年、2010年、2011年、2012年总样本分别为434个、453个、587个、576个，每省每年样本数量均在45个以上，占总样本的比例大多数在8.1%~14.1%。其中江西省、湖北省、浙江省每年样本数量均相同，分别为50个、70个、61个；北京、河南、山西、吉林、甘肃5省（市）每年样本数量变动不大，北京市、山西省均在50~55个，河南省、吉林省均在55~61个，甘肃省均在57~58个；山东、四川两省样本数量波动相对较大，山东省2009—2012年样本数量分别为47个、53个、61个、61个，占总样本的比例分别为10.8%、11.7%、10.4%、10.6%，四川省2009—2012年样本数量分别为47个、59个、61个、60个，占总样本的比例分别为10.8%、13.0%、10.4%、10.4%。

二、蜂产业的技术需求分析

根据蜂养殖业的特点，课题组对2011—2012年养蜂技术的需求程度进行整理并排序分析。2011年养蜂技术分别为饲喂技术、蜂病防治技术、蜂药使用技术、蜂群日常管理技术、蜂箱使用技术、繁蜂技术6种，实地调查后，发现蜂农对人工育王技术和蜜蜂授粉技术有一定的需求，于2012年将这两类技术纳入其中，一起进行分析。

（一）蜂农的技术需求类型

从表1可以看出，技术需求程度排在第一位的各项技术中，蜂农对蜂病防治技术急需程度所占的比例均最大，分别为 40.32%、51.30%。其次是繁蜂技术、蜂群日常管理技术，2011 年对繁蜂技术的需求比例略高于对蜂群日常管理技术；2012 年对繁蜂技术的需求比例则低于蜂群日常管理技术，约低 4.83 个百分点。技术需求程度屈于第二位的各项技术中，技术需求比例最高的均为蜂药使用技术，蜂病防治技术紧随其后，对蜂群日常管理技术、繁蜂技术的需求比例分别位居三、四位。综合来看，目前我国蜂农对蜂病防治技术最为急需，蜂农需求较低的技术是饲喂技术、人工育王技术和蜜蜂授粉技术。蜂药使用技术需求程度排在首位的比重较低，而需求程度排在第二位的比重最高，因此可知蜂农比较需要蜂药使用技术。约有 1/5 的蜂农对于繁蜂技术和蜂群日常管理技术也比较急需。

表 1　蜂农对技术需求情况

需求程度		需求比例								
		饲喂技术	蜂病医治技术	蜂药使用技术	蜂群日常管理技术	蜂箱使用技术	繁蜂技术	人工育王技术	蜜蜂授粉技术	其他技术
2011 年	第一位	7.5%	40.2%	6.5%	19.8%	2.2%	23.4%	—	—	0.4%
	第二位	7.8%	24.9%	30.3%	21.3%	2.9%	12.3%	—	—	0.6%
2012 年	第一位	6.1%	51.3%	4.3%	17.8%	1.1%	13.0%	3.7%	2.0%	0.6%
	第二位	6.4%	25.4%	30.1%	16.1%	1.4%	13.8%	5.0%	1.4%	0.4%

注：2011 年数据中人工育王技术和蜜蜂授粉技术归于其他技术

（二）蜂农对技术的需求排序

图 1 显示 2011 年蜂农按照急需性和重要性对养蜂技术需求的排序状况：其中急需程度排在首位出现最多的是蜂病防治技术，对繁蜂技术和蜂群日常管理技术的急需程度紧跟其之后，在第二位上出现最多的还是蜂药使用技术。这说明蜂病是蜂农在养蜂过程中的一大难题，随着养蜂规模的不断扩大，加强以物理防治、化学防治相结合的病虫害综合防治技术的推广和培训，学习蜂病防治技术及蜂药使用技术迫在眉睫。饲喂技术、蜂箱管理技术在前两位选择的概率偏低，排名靠后，可见目前大部分蜂农不太关注蜜蜂养殖的硬性设施。

图 2 显示 2012 年蜂农对蜂病防治的急需程度仍居首位，蜂药使用技术在第二位上出现的频率最高。从时间上来看，2011 年和 2012 年蜂农对蜂病防治技术的需求程度并没有改变，说明了蜂病防治技术并不是短期问题，而是蜂农在养殖过程中遇到的严重问题，需要引起相关部门的高度重视，帮助蜂农一起改进蜂病防治技术，多方面减少蜂病危害，从而提高蜂产品产量和质量。

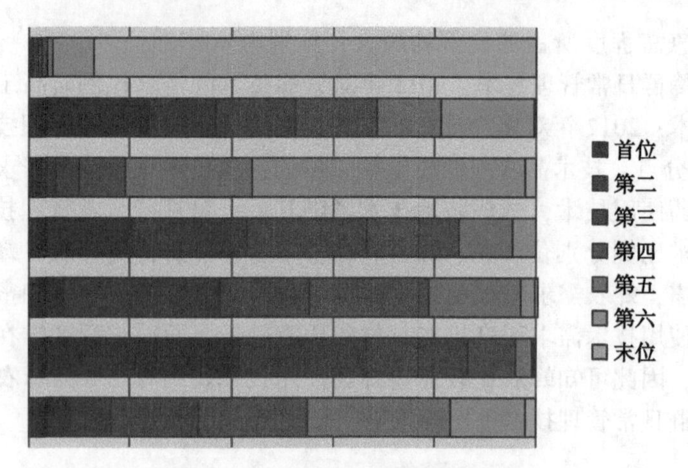

图 1 2011 年蜂农对技术急需程度

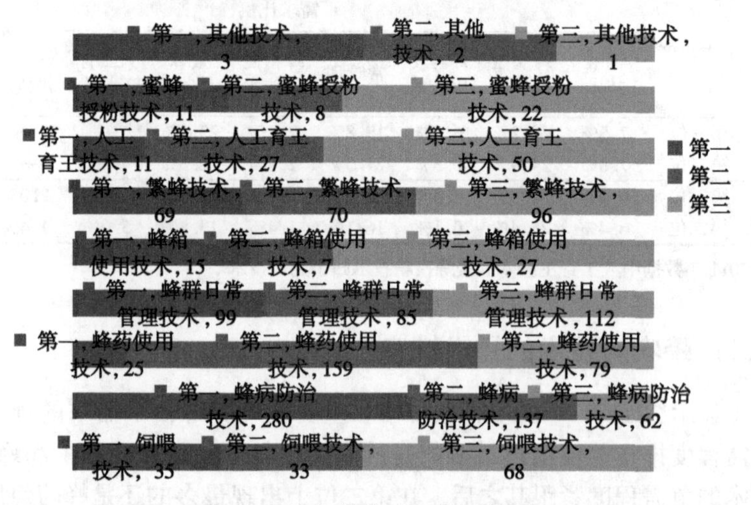

图 2 2012 年蜂农对技术急需程度

（三）蜂农对技术需求的来源途径

根据蜂养殖业的特点，并借鉴已有的相关研究成果，课题组对 2009—2012 年蜂农获得技术途径进行统计分析，了解蜂农获取技术的主要途径，侧面了解蜂产业技术需求的影响因素（表 2）。

表 2 蜂农获得技术途径统计

类别	2009 年	2010 年	2011 年	2012 年
没有获得	6	8	138	168

（续表）

类别	2009 年	2010 年	2011 年	2012 年
自己摸索	200	210	75	112
合作社技术人员	127	161	105	118
有经验的其他蜂农	240	298	174	204
技术培训班	227	304	210	182
杂志	188	233	107	120
报纸	62	57	12	120
互联网	18	10	23	120
自己购买书籍或光盘	107	94	67	120
咨询专家	100	97	91	0
蜂药或蜂机具销售商	33	37	22	0
其他	13	6	3	6
调查的样本数量	384	453	667	576

注：2012 年通过书、报、杂志、电视、互联网等媒介获取技术共 120 人

统计结果显示，没有获得技术的蜂农在逐年增加，所占样本总量的比例也在逐年增加。由表 2 可看出，蜂农获取技术的途径不是单一的，而是几种获取途径并存的模式，基本上蜂农以向有经验的蜂农讨教、技术班培训为主，阅读杂志、向合作社技术人员讨教和自己摸索为辅。这从侧面反映了我国蜂产业在技术培训上完成得较好，生产的专业化达到一定水平。但仍有部分蜂农是依靠自身经验、通过媒介进行学习，没有进行系统化的培训，导致了蜂农水平的参差不齐。进一步完善技术培训机制，通过提高技术水平，从而达到蜂产品产量的提高和质量的提升是非常必要的。

从图 3 可以看出，通过向有经验的蜂农讨教、技术班培训、合作社技术人员讨教和自己摸索的比例均整体呈下降趋势，其中 2011 年向有经验的蜂农讨教的比重甚至从 67. 11%下降到 2012 年的 31. 48%。而没有获得技术的蜂农比重从 2009 年的 1. 50%增加到 2012 年的 29. 17%。其原因可能是近几年来的技术培训已达到一定水平，蜂农自我提升意识不强，觉得不再需要进一步去获取技术，或是相关部门逐渐忽略了对新进蜂产业蜂农的技术培训，导致各种获取技术途径的比重均下降，没有获得技术的蜂农比重逐年增加，更或是其他原因还有待探究。蜂产业的技术培训体系有待完善，尽可能保证蜂农都能从多方面获得养殖技术。

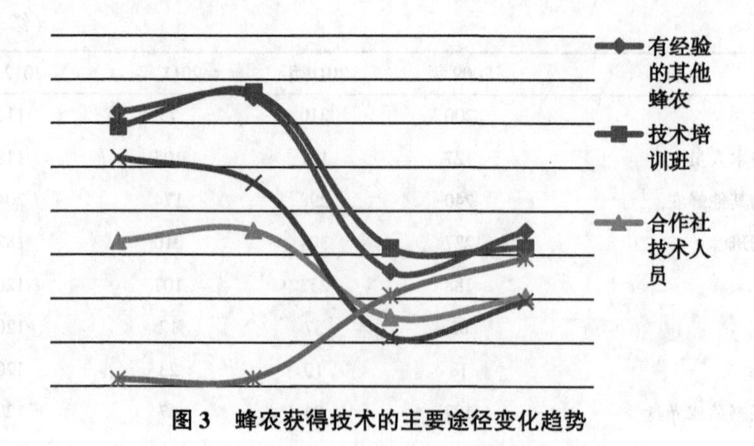

图 3　蜂农获得技术的主要途径变化趋势

三、蜂产业的技术需求影响因素实证分析

（一）计量方法

Logit 和 logistic 模型只能对编码成 0 或 1 两类结果的变量来拟合模型，而本研究考察的被解释变量技术需求是有序变量，取值越大，蜂农对该项技术类型的需求程度越高，所以在模型上采用序次回归（ordered logistic regression）。考虑到多项逻辑斯蒂回归（multinomial logistic）的结果对参照组的选择有较强的依赖性，因此分别对每类技术的需求情况进行单独回归。

（二）变量说明

蜂农对养蜂技术的需求受蜂农是否掌握该技术、该技术是否影响蜂产品的产量和质量等因素的影响。而这些因素又受蜂农基本情况、蜜蜂养殖基本情况、农户组织化等因素的影响。因此本研究将引入模型的解释变量：蜂农基本情况、蜜蜂养殖基本情况、农户组织化因素，蜂农基本情况包括性别、年龄、受教育年限；蜜蜂养殖基本情况包括养殖规模、养殖方式；农户组织化因素包括是否获得新技术、参与养蜂技术培训次数、是否加入合作社。为方便引入模型，排序第一名的技术类型被认为成“很重要或非常急需”，赋值为 3；排序第二名的技术类型为“比较重要或比较急需”，赋值为 2；排序第三名及以后的技术类型被认为“不太重要或不急需”，赋值为 1。各变量含义及解释详见表 3。

表 3　分析变量表

变量	释义
性别	男=1，女=2
年龄	原始数据（连续变量）
受教育程度	原始数据（连续变量）
养殖规模	原始数据（连续变量）
养蜂方式	定地=1，大转地=2，小转地=3，定地+小转地=4，1+2=6
是否获得新养蜂技术	是=1，否=2
养蜂技术培训次数	原始数据（连续变量）
是否加入合作社	是=1，否=2
饲喂技术	排名第 1=3，排名第 2=2，排名 3、4、5、6、7、8=1
蜂病医治技术	排名第 1=3，排名第 2=2，排名 3、4、5、6、7、8=1
蜂药使用技术	排名第 1=3，排名第 2=2，排名 3、4、5、6、7、8=1
蜂群日常管理技术	排名第 1=3，排名第 2=2，排名 3、4、5、6、7、8=1
蜂箱使用技术	排名第 1=3，排名第 2=2，排名 3、4、5、6、7、8=1
繁蜂技术	排名第 1=3，排名第 2=2，排名 3、4、5、6、7、8=1

（三）结果分析

运用 Stata12.0 统计软件分析蜂农对不同技术需求的影响因素，结果见表 4。从模型整体结果来看，蜂药使用技术的卡方值为 9.13，未通过检验。饲喂技术、蜂病防治技术、繁蜂技术的卡方值分别为 44.77、22.76、43.69，均在 0.01 的置信水平上显著。蜂群日常管理技术、蜂箱使用技术的卡方值分别为 15.03、14.48，均在 0.1 的置信水平上显著，模型整体拟合度相对较好。

表 4　蜂农各种技术类型需求的回归结果

类别	饲喂技术	蜂病防治技术	蜂药使用技术	蜂群日常管理技术	蜂箱使用技术	繁蜂技术
性别	−1.069	0.299	0.494	0.269	−13.524	−0.557
	(−1.04)	(0.78)	(1.27)	(0.67)	(−0.02)	(−1.08)
年龄	0.013	0.013**	0.017**	−0.021***	−0.027	−0.025***
	(1.37)	(2.12)	(2.49)	(−3.30)	(−1.63)	(−3.62)
受教育年限	−0.039	0.017	−9.87	−0.024	−0.152**	0.052*
	(−0.91)	(0.63)	(−0.00)	(−0.85)	(−2.09)	(1.74)
养殖规模	0.004***	−0.001**	0.000	0.000	−0.003	−0.000
	(5.24)	(−2.3)	(0.29)	(0.28)	(−1.43)	(−0.27)

（续表）

类别	饲喂技术	蜂病防治技术	蜂药使用技术	蜂群日常管理技术	蜂箱使用技术	繁蜂技术
养殖方式	0.250*** (2.58)	-0.127** (-2.02)	0.082 (1.21)	-0.742 (-1.08)	-0.238 (-1.21)	0.221*** (3.14)
是否获得养蜂新技术	-0.311 (-1.46)	0.193 (1.45)	0.025 (0.17)	-0.067 (-0.47)	-0.188 (-0.52)	-0.026 (-0.16)
养蜂技术培训次数	0.081 (0.97)	-0.000 (-0.01)	0.004 (0.06)	0.338 (0.58)	0.102 (0.69)	-0.045 (-0.70)
是否加入合作社	-0.317 (-1.54)	-0.087 (-0.69)	-0.086 (-0.61)	0.131 (0.96)	0.410 (1.19)	0.348** (2.44)
x^2	44.77***	22.76***	9.13	15.03*	14.48*	43.69***

注：括号中为回归系数的检验值；“*”“**”“***”分别表示0.1、0.05、0.01置信水平显著

第一，蜂农的性别对技术的需求没有明显的影响，与预期女性对技术的需求程度高不同，表明蜂农对技术的需求与性别无关。究其原因可能是样本数据中男性成员较多，占97%以上，性别差异较小对蜂产业技术的需求没有明显影响。

第二，蜂农的年龄是影响蜂农对蜂病防治技术、蜂药使用技术、蜂群日常管理技术、繁蜂技术的需求程度的重要因素。对蜂病防治技术、蜂药使用技术，蜂农年龄通过了0.05的显著水平检验且系数符号为正，表明年龄越大越倾向于解决蜜蜂病虫害的问题，也越需要这两类技术。而对蜂群日常管理技术、繁蜂技术，蜂农年龄通过了0.01的显著水平检验且系数符号为负，表明年龄越小越倾向于对蜂群日常管理和繁蜂技术的掌握，与年龄相对较大的蜂农对技术需求的侧重点不同。

第三，教育年限对“繁蜂技术”有正向影响作用，通过了0.1的显著水平检验，而对“蜂箱使用技术”有负向影响作用，通过了0.05的显著水平检验。表明蜂农受教育年限的不同，对各类养蜂技术的需求不同，受教育年限越短越倾向于对蜂箱使用技术的掌握，蜂农受教育年限越长对繁蜂技术掌握的需求程度越高。这可能是随着受教育程度的不断提高，蜂农掌握蜂箱使用技术的水平越高，对该技术的需求越低，蜂农关注的不再是基础设备的使用，而是技术含量更高的繁蜂技术。

第四，养殖规模对饲喂技术有显著的正向影响，表明养殖规模越大，蜂农越需要饲喂技术。其原因可能是养殖规模的不断扩大，蜂群需要更多的食物，从而对饲喂技术的要求更高。而对蜂病防治技术有显著的负向影响，表明随着养殖规模的扩大，蜂农对蜂病防治技术的需求越低，其原因可能是在扩大蜂群的过程中，蜂农已经累积足够丰富的蜂病防治技术，导致其对于蜂

病防治技术的需求减弱。

第五，是否获得新养蜂技术和参加养蜂技术培训次数对各类技术需求没有影响。是否获得新养蜂技术没有通过显著性水平的检验，其原因可能是蜂农需要的是一些常规的养殖技术，而并非是新技术，需要的技术是能从根本上解决问题的技术。参加养蜂技术培训次数没有通过显著性水平，其原因可能是蜂农只是去参加培训但没有专心学习，也有可能是培训机构的培训不够深入，仅是理论上的问题，蜂农并没有真正获得技术，因此蜂农对技术的需求与此无关。

第六，养殖方式对“饲喂技术”“繁蜂技术”有着显著的正向影响，均通过 0.01 的显著水平检验。养殖方式在通过 0.05 的显著水平检验上对“蜂病防治技术”有负向影响。表明转地养殖对饲喂技术、繁蜂技术的要求更高，对蜂病防治技术的要求大大减弱。其原因可能是转地养殖蜂群数量相对较大，为了降低购买蜂群的成本，蜂农一般都自主繁蜂，蜂群的强弱直接关系到整个蜂场的收益，因此养殖方式对繁蜂技术具有正向作用。同样，规模化养殖对蜂群的饲喂技术和管理水平要求较高，且转地放蜂处于流动状态，不断变化的地域和气候条件，更需要注重饲喂技术的跟进。

第七，是否加入合作社对“繁蜂技术”有正向影响，通过 0.05 的显著水平检验。表明加入合作社的蜂农对繁蜂技术的需求不迫切，而不加入合作社的蜂农相对急需繁蜂技术，其原因可能是加入合作社的蜂农参加了繁蜂技术的培训，掌握了一定的繁蜂技术；未加入合作社的蜂农对此知之甚少，在养殖过程中遇到了繁蜂难题无法解决，所以相对急需该技术。

四、政策建议

第一，从蜂农对养蜂技术需求的迫切性来看，以产中技术为主。本研究得出的蜂养殖技术需求排在前四位的是蜂病防治技术、蜂群日常管理、繁蜂技术、蜂药使用技术，均属于产中技术。由此建议技术供给主体应加强对主要病虫害的防控技术、蜂群日常管理技术以及繁蜂技术的推广。

第二，向有经验的蜂农讨教是蜂农获得新技术的主要渠道之一。在此基础上，可以由技术供给主体组织蜂农进行座谈，专家临场为蜂农交流经验提供一个良好的、科学的、专业的平台，促进蜂农养殖技术的提高。

第三，各类影响蜂农技术需求的因素不同，影响程度不同，蜜蜂养殖的技术服务应基于蜂农本身需要，重视那些有效需求程度较高的因素，最大限度满足蜂农的技术需求。具体的，对于受教育程度不同的蜂农，根据其对技术的不同需求性，给予不同的政策措施；根据养殖规模的不同，以及养殖方式的不同，给予蜂农针对性的技术培训，并不断跟进，及时为蜂农提供最迫切的技术支持。

参考文献

柯福艳，张社梅 . 2011. 中国家庭养蜂技术效率测量及其影响因素分析［J］. 农业技术经济，3：67-72.

毛小报，张社梅，柯福艳 . 2012. 中国蜂产业发展趋势分析［J］. 蜂业论坛，63（6）：44-47.

杨传喜，张俊彪，徐卫涛 . 2011. 农户技术需求的优先序及影响因素分析［J］. 西北农林科技大学学报（社会科学版），1（11）：41-47.

杨巍 . 2007. 我国粮食作物技术进步模式的经济学分析［D］. 北京：中国农业科学院 .

赵芝俊，等 . 2013. 中国蜂业经济研究［M］. 北京：中国农业科学技术出版社：267-274.

我国养蜂收益的影响因素分析

孙翠清　赵芝俊　刘　剑
（中国农业科学院农业经济与发展研究所　100081）

摘　要：蜜蜂授粉对于农业生产的正常进行起着关键作用，由于野生蜜蜂数量的减少，人工饲养蜜蜂为作物授粉的作用显得更加重要。而要保证农业生产对人工饲养蜜蜂数量的需求根本在于提高养蜂收益。本文通过分析蜂农养蜂收益的影响因素，提出提高蜂农养蜂收益、进而保证农业生产正常进行的政策建议。

关键词：养蜂收益；影响因素

一、引言

蜜蜂是公认的最理想的授粉昆虫，它对于虫媒作物的生长繁殖起着关键作用，保证了自然界植物的多样性和人类食物的丰富性，对于提高某些农作物的产量和产品品质具有无可替代的作用。然而由于自然环境遭到破坏而导致的野生蜂群数量锐减，以及自 2006 年起陆续在全球多地发生蜂群突然消失（Colony Collapse Disorder，CCD）的现象，使得作物对人工饲养蜂群授粉的依赖性越来越强。

尽管蜜蜂授粉具有巨大的生态效益和经济效益，但目前我国的养蜂业存在生产条件艰苦、以个体蜂农为养蜂主体且养蜂人老龄化现象严重、养蜂收益不稳定的现象。同时由于我国种植户对蜜蜂授粉的认知度较低，因此人工饲养蜜蜂为作物授粉难以取得足够的效益，蜂农的养蜂收入还是以蜂产品销售为主，蜜蜂授粉只能作为生产蜂产品的同时发生的附加服务，难以获得足够的经济效益，使得蜂农为种植户提供专门的授粉蜂的积极性不高。以上这些因素不利于我国养蜂事业的发展，进而将影响到我国部分农作物的正常生产。

因而要通过促进养蜂业的发展来保证作物生产的正常进行，关键在于提高养蜂人的养蜂收益，主要是蜂产品销售收入，因此，在制定政策之前首先要了解蜂农养蜂收益的影响因素。本文就以多年连续跟踪的蜂农养蜂基本数据来分析蜂农养蜂收益及养蜂投入要素的差异性以及存在这些差异的原因，为政府制定相关政策提供决策参考。

二、数据来源

本文所使用的基础数据来自“国家蜂产业技术体系建设”项目2009—2011年跟踪调查的蜂农数据库。其中2009年有10个省534个样本，2010年有10个省541个样本，2011年有12个省643个样本。样本在各省（市）的具体分布情况见表1。

表1　样本各省（市）分布情况　　　　（单位：户）

年份＼地区	浙江	山东	江西	河南	云南	四川	广东	湖北	北京	吉林	山西	甘肃	海南	合计
2009	61	46	49	55	49	46	58	70	49	0	51	0	0	534
2010	60	52	48	55	47	48	59	70	50	0	52	0	0	541
2011	60	58	49	58	40	58	0	70	50	56	51	57	36	643
合计	181	156	146	168	136	152	117	210	149	56	154	57	36	1 718

三、养蜂收益比较分析

受生产条件、生产方式、要素投入和气候等因素的综合影响，蜂农养蜂收益的年际间收益和区域间收益存在一定的差异，本文使用统计分析方法分析蜂农养蜂收益的差异，本文考察了每箱蜂的纯收入和每户蜂农的养蜂纯收入，前者反映蜂农的养蜂效率情况，后者反映蜂农总体养蜂水平。

（一）养蜂收益的年际间差异

根据统计分析结果（表2），蜂农2009—2011年3年的箱均养蜂纯收入均值分别为279.16元/箱、250.37元/箱和503.94元/箱，虽然2009年和2010年的箱均养蜂纯收入差别不大，但与2011年的箱均养蜂纯收入差别较大，约为2011年养蜂纯收入的1/2，表明蜂农养蜂箱均收入的年际变化较大。蜂农三年箱均养蜂纯收入的标准差在349.46~589.87元，均超过了本年箱均养蜂纯收入，表明同一年内不同地区蜂农的箱均养蜂纯收入差距较大。

蜂农的户均养蜂收益与箱均养蜂收益的变化趋势相似，同时，户均养蜂纯收入的标准差范围在48 000~116 158元，数值较大，表明同一年内不同地区蜂农的户均养蜂纯收入差距也较大。

表2　蜂农养蜂收益的年际变化

（单位：户、元/箱、元/户）

项目	年份	样本数	均值	标准差	最小值	最大值
箱均纯收入	2009	534	279.16	349.60	−464.71	2 931.25
	2010	541	250.37	360.44	−1 543.61	2 604.80
	2011	643	503.94	589.87	−981.75	5 861.91
	合计	1 718	354.22	471.61	−1 543.61	5 861.91
户均纯收入	2009	534	36 772	59 849	−47 980	366 890
	2010	541	30 360	48 000	−132 750	337 640
	2011	643	69 231	116 158	−155 770	1 231 000
	合计	1 718	46 901	84 773	−155 770	1 231 000

（二）养蜂收益的区域差异

根据统计分析结果（表3），各地蜂农2009—2011年三年平均的箱均养蜂纯收入范围在131.65~646.29元/箱，箱均养蜂纯收入最高的四川省是最低的云南省的5倍，表明地区间蜂农养蜂纯收入的差距过大。从标准差来看，各地区蜂农养蜂箱均纯收入的标准差均高于蜂农养蜂箱均纯收入的均值，表明同一地区不同蜂农的养蜂收益也存在较大差异。

表3　蜂农养蜂收益的区域变化（2009—2011年均值）

（单位：户、元/箱、元/户）

项目	地区	样本数	均值	标准差	最小值	最大值
箱均纯收入	云南	136	131.65	164.45	−271.51	693.2
	河南	168	178.46	263.39	−981.75	1 419.5
	北京	149	180.94	218.23	−415.41	1 242.86
	山西	154	188.1	300.37	−643.18	1 316.29
	广东	117	190.52	348.02	−266.12	2 931.25
	甘肃	57	352.4	549.12	−728	2 092.87
	湖北	210	356.06	291.21	−1 543.61	2 256.33
	山东	156	421.95	581.91	−473.67	2 604.8
	江西	146	481.59	601.84	−121.9	3 024.32
	海南	36	505.08	747.53	−579.31	3 762.55
	浙江	181	564.01	659.92	−1 031.58	5 861.91
	吉林	56	588.43	260.2	−52	1 254.42
	四川	152	646.29	506.7	−173.48	2 335.88
	合计	1 718	354.22	471.61	−1 543.61	5 861.91

（续表）

项目	地区	样本数	均值	标准差	最小值	最大值
户均纯收入	云南	136	13 006	36 846	−30 000	296 908
	山西	154	14 982	27 261	−54 670	153 170
	河南	168	15 152	26 262	−98 175	103 436
	北京	149	20 762	35 673	−74 660	304 500
	广东	117	21 071	32 278	−33 930	234 500
	山东	156	31 450	43 799	−46 420	196 380
	甘肃	57	34 542	67 436	−34 040	346 445
	湖北	210	36 907	30 310	−132 750	203 070
	海南	36	43 836	65 288	−55 764	336 000
	江西	146	51 936	80 040	−24 815	440 820
	吉林	56	61 093	63 202	−155 770	277 400
	浙江	181	74 163	110 692	−123 790	1 231 000
	四川	152	182 662	156 317	−43 370	934 350
	合计	1718	46 901	84 773	−155 770	1 231 000

各地蜂农 2009—2011 年三年平均的户均养蜂纯收入范围在 13 006~182 662元/户，户均养蜂纯收入最高的四川省是最低的云南省的 14 倍，可见，不同地区蜂农的户均养蜂纯收入差异巨大。

四、模型设定

根据以上统计分析，蜂农养蜂的户均纯收入和箱均纯收入存在较大的年际间和区域间差异。由于蜂农的养蜂收益受多方因素影响，因此本文接下来使用多元线性回归法来分析养蜂收益的主要影响因素有哪些，模型形式如下：

$$y = x_i,\ i = 1,\ 2,\ \cdots,\ n$$

其中因变量 y 为蜂农养蜂纯收入或蜂农箱均养蜂纯收入，自变量 x_i 为蜂农养蜂纯收入或蜂农箱均养蜂纯收入的影响因素。

根据养蜂业的生产特点，养蜂收益的影响因素可以分为以下三个类别，一是劳动力投入，二是生产经营状况，三是自然因素。变量的具体设置见表 4。

表 4　变量设置

变量类型	变量	备注
因变量 y：	养蜂纯收入 箱均养蜂纯收入	养蜂总收入–总成本 （养蜂总收入–总成本）/饲养蜂群数量
自变量 x_i：		

（续表）

变量类型	变量	备注
劳动力投入	蜂农年龄 受教育年限 养蜂年限 家庭从事养蜂人数 是否参加过养蜂技术培训	 虚变量（参加为1，未参加为0）
生产状况	是否为专业养蜂户 蜜蜂饲养方式（定地、大转地、小转地） 饲养蜜蜂品种 饲养规模	虚变量（专业养蜂为1，兼业养蜂为0） 虚变量（定地 shift1 = 1，其他为 0；大转地 shift2 = 1，其他为 0，以小转地为参照组） 虚变量（中蜂为1，意蜂为0） 年末蜂群数
自然因素	是否受灾	虚变量（受灾为1，未受灾为0）
控制变量	年份 地区	虚变量（2010年、2011年，以2009年为参照） 虚变量（浙江、山东、江西、河南、云南、四川、广东、湖北、北京、吉林、甘肃、海南，以山西为参照）

本文使用的数据为2009—2011年13个省的蜂农调查混合数据。变量的描述性统计分析如表5所示。

表5　变量描述性统计分析

变量	样本数	均值	标准差	最小值	最大值
养蜂纯收入	1 718	46 901.12	84 772.59	-155 770	1 231 000
箱均养蜂纯收入	1 718	354.22	471.61	-1 543.61	5 861.91
蜂农年龄	1 718	47.83	10.69	19	75
蜂农受教育程度	1 718	8.20	2.29	0	16
养蜂从业年限	1 718	22.35	11.11	1	56
家里从事养蜂人数	1 718	1.87	0.71	1	6
参加过养蜂技术培训	1 718	0.73	0.44	0	1
专业养蜂	1 718	0.45	0.50	0	1
定地饲养	1 718	0.39	0.49	0	1
大转地饲养	1 718	0.36	0.48	0	1
饲养西蜂	1 718	0.79	0.41	0	1
养蜂群数	1 718	120.84	95.59	4	1 000
是否受灾	1 718	0.64	0.48	0	1

五、回归结果

模型的回归结果见表6。

表6 模型回归结果

	养蜂纯收入		箱均养蜂纯收入	
	回归系数	t值	回归系数	t值
劳动力投入				
蜂农年龄	103.16	0.51	2.63	1.99**
蜂农受教育程度	977.6	1.33	14.74	3.08***
养蜂从业年限	−37.24	−0.20	−1.66	−1.40
家里从事养蜂人数	3 850.02	1.52	50.27	3.04***
参加过养蜂技术培训	15 717.87	4.00***	108.07	4.23***
生产状况				
专业养蜂	9 925.27	2.49**	2.51	0.10
定地饲养	5 503.53	1.18	41.09	1.35
大转地饲养	21 135.86	4.07***	121.11	3.59***
饲养西蜂	25 894.6	3.75***	114.21	2.54**
养蜂群数	225.24	9.41***	−0.64	−4.11***
自然因素				
是否受灾	1 850.85	0.50	−70.04	−2.88***
年份控制变量				
2010年	−4 233.53	−1.05	−23.14	−0.88
2011年	40 745.86	9.36***	236.34	8.35***
地区控制变量				
浙江	31 425.69	3.79***	336.76	6.24***
山东	690.18	0.09	225.02	4.48***
江西	39 616.22	4.39***	388.27	6.61***
河南	−11 422.01	−1.47	42.74	0.84
云南	22 413.08	2.29**	107.28	1.69*
四川	93 971.69	9.96***	510.80	8.33***
广东	38 480.38	3.47***	256.40	3.56***
湖北	8 781.77	1.19	178.55	3.71***
北京	−2 699.79	−0.35	18.80	0.38
吉林	16 132.99	1.51	266.97	3.84***
甘肃	594.27	0.05	119.83	1.63
海南	9 955.17	0.72	340.07	3.79***

（续表）

	养蜂纯收入		箱均养蜂纯收入	
	回归系数	t 值	回归系数	t 值
_ cons	-80 754.60	-4.57***	-345.52	-3.00***

注：表中“**”表示在5%的水平下显著；“***”表示在1%的水平下显著

根据回归结果，在劳动力投入影响因素中：

蜂农年龄和受教育程度对养蜂纯收入和箱均养蜂纯收入的影响均为正向，但是对养蜂纯收入的影响均不显著，对箱均养蜂纯收入的影响均显著。这表明蜂农年龄越大，受教育程度越高，箱均养蜂纯收入越高，原因可能是年龄大的蜂农对养蜂可能更加重视，从而投入更多精力养蜂，使得箱均养蜂纯收入较高，另外受教育程度高的蜂农综合养蜂水平可能会更高，使得其箱均养蜂纯收入较高。

养蜂从业年限对养蜂纯收入和箱均养蜂纯收入的影响均为负，但均不显著。表明养蜂年限长对养蜂纯收入和箱均养蜂纯收入的影响并不明显。原因可能在于养蜂年限长的蜂农更倾向于使用自己长期摸索而积累的养蜂经验，在改进饲养管理方法方面比较保守，而养蜂年限短的蜂农没有形成固定的饲养模式，更愿意尝试新的饲养管理方法，因而养蜂年限长的蜂农养蜂纯收入和箱均养蜂纯收入并不一定高。

家里从事养蜂人数对养蜂纯收入和箱均养蜂纯收入的影响均为正，并且对箱均养蜂纯收入的影响显著。我国目前的养蜂模式还是以家庭内部成员为主，长期雇用家庭以外劳动力的情况还较少，因此，这一结果表明家庭从事养蜂人数越多，越能够保证对蜜蜂饲养管理的劳动力需要，因此箱均养蜂纯收入更高。

参加过养蜂技术培训对养蜂纯收入和箱均养蜂纯收入的影响均显著为正。这表明养蜂技术培训对于提高养蜂收益的影响比较直接。

在生产状况影响因素中：

是否是专业养蜂户对养蜂纯收入和箱均养蜂纯收入的影响均为正，且对养蜂纯收入的影响比较显著。专业养蜂对养蜂纯收入的影响显著为正可能是由于专业养蜂户相比兼业养蜂户在养蜂活动中投入的精力要多。是否是专业养蜂户对箱均养蜂纯收入的影响为负的原因可能在于专业养蜂户的蜂产品产量较高，不便大量储存，尤其是对于转地蜂农，很难携带大量蜂产品辗转全国各地，因此他们的蜂产品多以较便宜的价格批发给收购商，而兼业养蜂户多是定地或小转地的蜂农，他们的蜂产品产量相对少，便于储存，因此可以更高的零售价卖出，因此兼业户的箱均养蜂纯收入可能会高于专业户。

定地蜂农的养蜂纯收入和箱均养蜂纯收入与小转地蜂农相比，没有显著差异。原因可能在于定地蜂农之所以定地饲养是因为本地蜜源条件较好，能保证一定收益，而小转地蜂农通常也只是短期到本地周边地区放蜂，因此定地和小转地蜂农的养蜂收益相差不多。而大转地蜂农的养蜂纯收入和箱均养蜂纯收入均显著高于小转地蜂农，原因在于大转地蜂农通常是在全国范围内追花夺蜜，他们每箱蜂的生产时间要远远高于定地和小转地蜜蜂，产量和销售收入自然也高，因此大转地蜂农的养蜂收益要显著高于小转地蜂农，这也符合我国养蜂的实际情况。

饲养西蜂的蜂农养蜂纯收入和箱均养蜂纯收入均显著高于饲养中蜂的蜂农。原因是西蜂与中蜂的生产特性和生产方式不同，通常情况下，西蜂以转地饲养方式为主，其产量高、产品种类多，因此收入普遍高于中蜂。

养蜂群数对养蜂纯收入的影响显著为正，而对箱均养蜂纯收入的影响显著为负。养蜂数量越多，养蜂纯收入越高，这比较符合目前我国的养蜂实际情况。养蜂数量越多，箱均养蜂纯收入越低，原因可能一是养蜂规模大的蜂农蜂产品通常是批发销售，价格较低，而养蜂规模小的蜂农蜂产品更多是以高价零售的方式销售；二是养蜂规模大的蜂农通常是大转地的农户，他们的运输费、雇工等生产成本会相应增加。因此养蜂数量越多的蜂农单位规模养蜂纯收入会更低。

外界因素

遭受灾害或事故对养蜂纯收入的影响不显著，但是对箱均养蜂纯收入的影响显著为负，说明养蜂受外界因素影响比较直接。

控制变量

2010 年的养蜂纯收入和箱均养蜂纯收入低于 2009 年，但并不显著，2011 年养蜂纯收入和箱均养蜂纯收入均显著高于 2009 年。原因可能是 2010 年是养蜂界的灾年，在主要蜜源的流蜜期内，全国大部分地区都发生了干旱或雨水天气，使许多蜂农亏损严重，影响了养蜂收益。

地区控制变量的估计结果表明，浙江、江西、云南、四川、广东各省蜂农的养蜂纯收入高于山西省蜂农，浙江、山东、江西、云南、四川、广东、湖北、吉林、海南各省蜂农的养蜂箱均纯收入高于山西省。

六、结论和政策建议

根据以上研究结果，在影响蜂农养蜂收益的诸多要素中，养蜂技术培训、转地饲养模式、饲养西蜂品种三个变量对养蜂纯收入和箱均养蜂纯收入均具有显著正的影响。养蜂规模对养蜂纯收入和箱均养蜂纯收入的影响显著，但影响方向相反。灾害和事故、气候因素对养蜂收益的负面影响也较大。蜂农年龄、受教育程度、家里从事养蜂人数对单位规模养蜂收益，也即养蜂效率影响比较显著。据此，本文提出以下政策建议，以促进蜂农养蜂收益增加，进而促进养蜂事业发展，保证正常农业生产的需要。

（一）增加养蜂技术培训投入

农业生产技术培训是政府为农民提供的一项基本公共服务，但是由于蜂业是一个较小的农业产业，因此与其他农业行业相比，政府对蜂业的培训投入明显不足。目前我国蜂业的技术来源还是以蜂农长期的摸索和经验积累为主，养蜂技术水平与养蜂发达国家存在较大差距。而养蜂技术培训又是提高蜂农养蜂收益的重要因素，因此，今后政府需要加大养蜂技术培训的力度，增加培训次数，丰富培训内容。让先进养蜂技术从实验室走向蜂场，为蜂农开通专家咨询渠道，以提高养蜂收益，调动蜂农的养蜂积极性。

（二）对转地蜂农给予适当扶持

由于转地蜂农的养蜂收益高，饲养规模大，是我国的养蜂主体，转地蜂农的饲养情况的变动对于我国蜂业的稳定具有直接的影响。因此，从效率的角度，政府应该对转地蜂农给予适当扶持，如继续对养蜂车实行“绿色通道”政策，对养蜂车的购置可给予一定的优惠等。

（三）保持适当饲养规模

根据前文的分析结果，养蜂规模越大，蜂农的养蜂纯收入越高，但是单位规模的养蜂纯收入却下降。这意味着养蜂存在一个最佳规模，理论上是边际收益为零的饲养规模，最佳饲养规模的大小还需要进一步的对比试验分析。因此，要使蜂农的养蜂收益最大化，就要鼓励蜂农保持适当的饲养规模。

（四）提高养蜂灾害预警

养蜂界所谓的灾年与我们通常认为的灾年有所不同，养蜂界的灾年通常是指在蜜源的流蜜期前后发生不利于蜜源流蜜的天气，如干旱、冰冻、雨水多等使得蜜源花期缩短或流蜜量减少，导致蜜蜂采集的蜂产品产量下降。因此，如果政府能够将全国各地蜜源流蜜期前后的气候变化信息及时地发布给蜂农，让其提前做好应对措施，如变更转地路线、减少蜂群数量以节约饲养成本等，将会大大减少蜂农的养蜂损失。

基于 CMS 模型的日本蜂蜜进口贸易研究①

徐国钧[1②] 李 俊[2]

（1. 福建农林大学蜂学学院；2. 华南农业大学资源环境学院）

摘 要：2004—2014 年世界蜂蜜的进口量和进口额不断增长，而日本在国内蜂蜜产量没有明显增加的情况下，蜂蜜的进口量和进口额的增速却大大低于世界水平，所占世界蜂蜜贸易的份额也不断下降。在分析日本蜂蜜进口贸易特征的基础上，运用 CMS 模型对 2004—2014 年日本蜂蜜进口量进行实证分析。通过分析发现：随着世界蜂蜜出口量的增长，给日本蜂蜜的进口带来明显正向的市场规模效应，但日本蜂蜜进口的市场分布效应偏弱，特别是进口竞争力效应持续低下，从而造成日本蜂蜜进口数量不断下降。在 2011—2014 年，日本蜂蜜进口的市场分布效应由负转正，说明日本蜂蜜进口来源地趋于分散和多元化，这必须引起我们的重视。

关键词：日本；蜂蜜；进口贸易；CMS 模型；影响因素

---

① ［基金项目］国家蜂产业技术体系建设专项经费（编号：CARS-45-KXJ20）

② ［作者简介］徐国钧，男，副教授，硕士，主要从事蜂业经济研究，E-mail：315361372@qq.com。

Analysis of Honey Import Trade of Japan Based on CMS Model

Xu Guojun[1]　Li jun[2]

(1. College of Bee Science, Fujian Agriculture & Forestry University, Fuzhou350002, China; 2. The College of Natural Resources and Environment of South China Agricultural University, Guangzhou, 510000, China)

Abstract: 2004—2014 world imports and value of imports of honey to increase, while Japan's domestic honey production under the condition of no discernible increase, honey imports and value of imports growth was significantly lower than the world level, the share of the world honey trade is falling. In this paper, on the basis of assessing the characteristic of Japan honey import trade, using the CMS model from 2004—2014 Japanese imports of honey for empirical analysis. Through the analysis found that, as the growth of the world's honey exports to Japan's imports of honey have obvious positive effect of the size of the market, but weaker in Japan's imports of honey market distribution effect, especially the effect of import competition continued low, resulting in Japan honey import quantity continuously decreased. In 2011—2014, Japan's imports of honey market distribution effect from negative to positive, Japan honey source of imports tend to be scattered and diversification, it must cause our attention.

Key words: Japan; honey; import trade; CMS model; influence factor

一、引言

日本是世界上经济发达的国家之一，但是其地域狭小，相对匮乏的资源也限制了蜂业的发展。2013 年，日本拥有蜂群的数量为 19 万群，蜂蜜的产量为0.29万t①。但日本国内蜂蜜的需求量很大，每年消费4万t左右，这就造成了日本必须长期依赖进口蜂蜜的局面[1]，所以，日本是世界上蜂蜜进口的重要市场之一。2014年，日本从世界进口蜂蜜3.79万t，其中从中国进口蜂蜜2.82万t，占日本蜂蜜总进口量的74.48%。其次主要是从阿根廷、加拿大、墨西哥等国进口蜂蜜②。

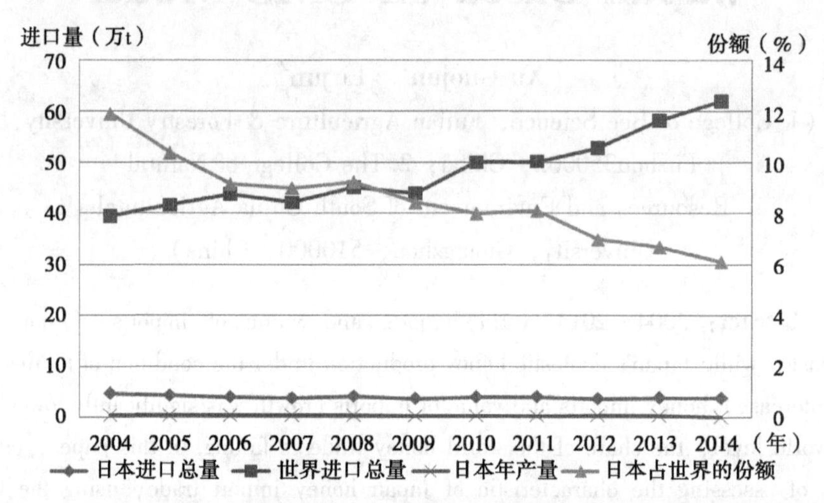

图1　2004—2014年日本蜂蜜的产量、世界和日本蜂蜜进口量及日本占世界的份额

从图1和图2看③，2004—2014年，世界蜂蜜的进口量从39.47万t增加到62.09万t，增长57.31%；而日本蜂蜜的进口量反而从4.70万t减少到3.79万t，减少19.36%；占世界的份额也从12.92%下降到6.10%。2004—2014年，世界蜂蜜的进口额从91.61亿美元增加到230.79亿美元，增长151.93%；日本蜂蜜的进口额从6.51亿美元增加到12.02亿美元，增长84.64%。占世界的份额也从7.10%下降到5.21%。在日本国内蜂蜜产量没有明显增加的情况下，为什么在世界蜂蜜的进口量和进口额不断增长的前提下，日本蜂蜜的进口量和进口额的增速却大大低于世界水平？占世界蜂蜜贸易的份额不断下降？

目前，国内外对日本蜂蜜进口贸易研究的文献比较少。王云锋等研究了

① 数据来源于FAO. http：//faostat. fao. org/和UN comtrade. http：//comtrade. un. org/，2015年3月9日。

② 数据来源于FAO. http：//faostat. fao. org/和UN comtrade. http：//comtrade. un. org/，2015年3月9日。

③ 进口增长率、出口增长率、进口份额占比经作者计算而得，原始数据来源于FAO . http：//faostat. fao. org/和UN comtrade. http：//comtrade. un. org/，2015年3月9日。

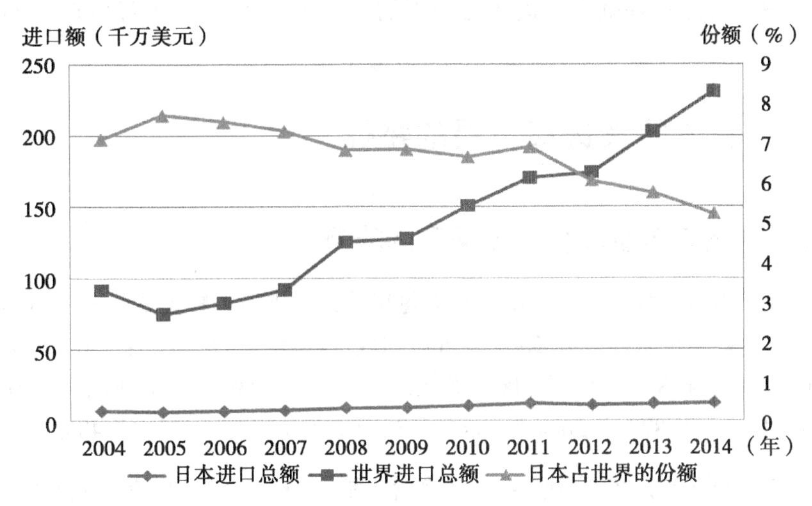

图 2　2004—2014 年世界和日本蜂蜜进口额及日本占世界的份额

中国蜂蜜在日本市场的需求弹性后得出：在日本的蜂蜜市场，中国蜂蜜的价格对于其他国家蜂蜜的进口量有很大的影响[2]；周安平在《日本蜂蜜进口主要依赖中国》中指出：日本是蜂蜜的消费大国，为了满足国内的旺盛需求，日本的蜂蜜进口商采取多方位的进口策略以此来扩大蜂蜜的进口量[3]；黄文诚在《日本的养蜂事业》中介绍了日本消费者对蜂产品的需求巨大，但国内蜂业资源比较匮乏等情况[4]。

显然，已有的相关研究未能解释：在日本国内蜂蜜产量没有明显增加的情况下，为什么在世界蜂蜜的进口量和进口额不断增长的前提下，日本蜂蜜的进口量和进口额的增速却大大低于世界水平？并且占世界蜂蜜贸易的份额不断下降？

由于恒定市场份额模型（Constant Market Share，简称“CMS 模型”）能较好地将竞争优势理论纳入贸易增长的结构框架中来分析产品进出口贸易的增长和波动的原因。在出口贸易方面，国内不少学者利用 CMS 模型对林产品（张寒，聂影，2010）[5]、畜产食品（夏晓平、隋艳颖、李秉龙，2010）[6]的出口贸易等进行了研究；2015 年徐国钧等也利用 CMS 模型对中国蜂蜜的出口贸易进行研究[7]。在进口贸易方面，2008 年周力等运用二阶的 CMS 模型对我国葡萄酒的进口贸易的波动进行分析[8]；2009 年刘艺卓也运用 CMS 模型对我国乳品进口贸易进行分析[9]；2014 年田秀华等运用二阶的 CMS 模型对中国的棉花进口增长的因素进行分析[10]；2014 年王太祥、张思玉等也采用 CMS 模型对我国棉花进口贸易的波动进行了研究[11]。

因此，本文以 2004—2014 年日本进口蜂蜜的数量为样本，在分析日本蜂蜜进口贸易特征的基础上，运用已修正的 CMS 模型分析日本蜂蜜进口的影响因素。

二、日本蜂蜜进口贸易的特征

（一）进口数量较多、但呈下降趋势

从表 1 看[①]，2004—2014 年，日本每年从世界进口的蜂蜜数量在 3.6 万 t 以上，进口的数量比较多。在 2004 年进口的数量最多，为 47 033t；2012 年进口的数量最少，为 36 828t。但从 2004 年起，日本进口蜂蜜的数量则呈下降趋势，2014 年进口的 37 870t 比2004 年的 47 033t 减少了 9 163t，减少 19.48%。

（二）进口市场的集中度依然很高，从中国进口的份额呈下降趋势

随着经济全球化的发展，世界进出口贸易的环境不断改善，各国产品的进出口市场也趋于多元化。2004 年日本从 35 个国家或地区进口蜂蜜，而在 2014 年，日本从 56 个国家和地区进口蜂蜜[②]。但从表 1、表 2 看[③]，2004—2014 年，日本从中国、加拿大、阿根廷、匈牙利、墨西哥、新西兰和罗马尼亚 7 个国家进口的蜂蜜数量份额占日本蜂蜜进口总量的 93% 以上，市场集中度依然很高。

2006 年，日本从中国进口蜂蜜占日本进口总量的 90.94%，但呈不断下降趋势，2014 年，日本从中国进口蜂蜜的份额下降到 74.48%。而日本从加拿大、阿根廷等国进口蜂蜜的份额则呈上升趋势，从加拿大进口的份额由最低的 0.85% 上升到 2014 年的 7.15%；从阿根廷进口的份额也由最低的 4.26% 上升到 2013 年的 7.80%。

表 1　2004—2014 年日本蜂蜜进口主要市场分布状况　（单位：t）

年代	日本进口	中国	加拿大	阿根廷	匈牙利	墨西哥	新西兰	罗马尼亚
2004	47 033	42 158	486	2 146	277	129	455	170

① 原始数据来源于 UN comtrade. http://comtrade.un.org/，2015 年 3 月 9 日。

② 文中数据经作者计算而得，原始数据来源于 UN comtrade. http://comtrade.un.org/，2015 年 3 月 9 日。

③ 份额数据经作者计算而得，原始数据来源于 UN comtrade. http://comtrade.un.org/，2015 年 3 月 9 日。

（续表）

年代	日本进口	中国	加拿大	阿根廷	匈牙利	墨西哥	新西兰	罗马尼亚
2005	43 162	39 023	373	1 837	300	117	385	99
2006	40 072	36 443	339	2 058	185	21	254	80
2007	37 887	34 030	367	1 606	233	124	237	2
2008	41 682	35 276	1 337	2 243	435	284	396	176
2009	36 919	29 593	1 610	2 142	475	175	553	137
2010	39 950	32 386	2 005	3 105	568	181	639	22
2011	40 584	31 520	2 513	2 735	758	502	508	237
2012	36 823	28 763	1 656	2 213	827	344	632	611
2013	39 030	30 006	2 407	3 044	740	223	522	123
2014	37 870	28 204	2 709	2 877	1032	445	504	317

注：按进口量计算

表 2　2004—2014 年日本蜂蜜进口主要市场分布情况　（单位：%）

年代	份额	中国	加拿大	阿根廷	匈牙利	墨西哥	新西兰	罗马尼亚
2004	97.42	89.64	1.03	4.56	0.59	0.27	0.97	0.36
2005	97.62	90.41	0.86	4.26	0.70	0.27	0.89	0.23
2006	98.27	90.94	0.85	5.14	0.46	0.05	0.63	0.20
2007	96.60	89.82	0.97	4.24	0.62	0.33	0.63	0.00
2008	96.32	84.63	3.21	5.38	1.04	0.68	0.95	0.42
2009	93.95	80.16	4.36	5.80	1.29	0.47	1.50	0.37
2010	97.38	81.07	5.02	7.77	1.42	0.45	1.60	0.05
2011	95.54	77.66	6.19	6.74	1.87	1.24	1.25	0.58
2012	95.18	78.11	4.50	6.01	2.25	0.93	1.72	1.66
2013	94.96	76.88	6.17	7.80	1.90	0.57	1.34	0.32
2014	95.30	74.48	7.15	7.60	2.73	1.18	1.33	0.84

注：按进口份额计算

三、CMS 模型介绍及数据来源

（一）CMS 模型介绍及引用

CMS 模型最早于 1951 年由 Tyszynski 提出，即 CMS 的经典模型。这个模型提出后，夏晓平、Jepma、周力、刘艺卓等国内外一些学者不断对其进行了改进和完善[6-8]。修正后的CMS模型现在已经成为非常重要的国际贸易分析工具，并广泛地运用在产品国际竞争力、进出口贸易增长的成因、进出口波动的影响因素以及国家或地区进出口战略与政策的研究中。

该模型是将一个国家产品进口增长分解成了4部分：市场规模效应、产品结构效应、市场分布效应以及进口竞争力效应。CMS模型的核心是假设一个国家的某种产品进口的竞争力保持不变，这时市场份额也会保持不变。所以，一个国家的某种产品进口的实际变化和其保持的原有份额间的差额，是由于该产品的结构效应、市场分布效应以及进口竞争力效应的变化引起的。

该模型在本次分析中的具体形式如下面公式（1）所示：

$$V^2-V^1=rV^1+\sum(r_i-r)V_i^{\ 1}+\sum\sum(r_{ij}-r_i)V_{ij}^{\ 1}+\sum\sum(V_{ij}^{\ 2}-V_{ij}^{\ 1}-r_{ij}V_{ij}^{\ 1}) \tag{1}$$

在（1）式中，V是进口国进口总额或进口总量，上角标1和2表示时期，下标中的i和j分别表示进口该产品的种类与出口该产品的国家或地区。V_i表示进口国进口i产品的金额或数量，V_{ij}表示进口国从j国进口i产品的金额或数量，r表示的是世界出口的增长率，r_i表示的是i产品世界的出口增长率，r_{ij}表示j国出口i产品的增长率。

其中，rV^1是指进口产品的市场规模增长效应，表示世界出口某种产品总的数量变动对进口国进口数量的影响。$\sum(r_i-r)V_i^1$是进口产品的结构效应，表示的是世界出口多种同类产品的结构变动对一个国家进口某种产品的影响。$\sum\sum(r_{ij}-r_i)V_{ij}^{\ 1}$是市场分布变化效应，描述某国的各个进口来源国贸易规模的相对变化而引起其进口贸易的变化。$\sum\sum(V_{ij}^{\ 2}-V_{ij}^{\ 1}-r_{ij}V_{ij}^{\ 1})$是残差项，指的是进口竞争力效应，表示一国进口产品竞争力的变化对其进口的影响。

（二）CMS模型在本次研究中所引用的公式

由于本文只是对蜂蜜这一种产品作为研究，故不用考虑产品的结构效应，可以用仅仅对一种产品CMS模型，如下面公式（2）所示：

$$V^2-V^1=rV^1+\sum(r_j-r)V_j^{\ 1}+\sum(V_j^{\ 2}-V_j^{\ 1}-r_jV_j^{\ 1}) \tag{2}$$

在（2）式中，V表示的是日本进口蜂蜜的总量或总额，上角标1和2表示时期，下标j表示日本蜂蜜进口的来源国或地区。V_j表示的是日本从j国进口蜂蜜的数量或金额，r表示的是世界蜂蜜出口的增长率，r_j表示的是出口国j出口蜂蜜增长率。

在（2）式中，假设日本从多个目标市场进口蜂蜜。等式的左边表示的是第2期相对于第1期日本蜂蜜进口量或进口额的变化。在等式右边的第一项表示市场规模增长效应，这是衡量日本蜂蜜进口的增长在多大程度上由于世界的贸易规模的扩张所引起的。在这其中暗含着：假设日本进口蜂蜜的数量在全世界蜂蜜贸易中所保持的市场份额不变，当全世界蜂蜜贸易增长，即 $r>0$ 时，日本蜂蜜的进口增加；当全世界蜂蜜贸易减少，即 $r<0$ 时，日本蜂蜜的进口就减少。等式右边的第二项 $\sum(r_j-r)V_j^1$ 代表市场分布效应，其表示日本蜂蜜的主要进口国的贸易规模变化所引起的日本蜂蜜进口规模的变化，当 j 国蜂蜜出口的增长率 $r_j>r$ 的时候，j 国蜂蜜出口效应为正；反之，当 j 国蜂蜜出口的增长率 $r_j<r$ 的时候，j 国蜂蜜出口效应为负。等式右边的第三项 $\sum(V_j^2-V_j^1-r_jV_j^1)$ 所表示的是市场规模效应和市场分布效应这两种力量共同作用产生残差效应，也就是竞争力效应。它在一定程度上综合反映了日本蜂蜜进口市场对世界蜂蜜出口贸易的竞争力，包括政策环境、市场营销环境等。如果该值为正，则表明其综合竞争力促进了蜂蜜的进口，产生正效应。反之，则为负效应。

（三）研究对象及数据来源

本文的研究对象是联合国统计署贸易数据库（UN COMTRADE）的天然蜂蜜，0409类。同时，选取中国、加拿大、阿根廷、墨西哥、匈牙利、新西兰、罗马尼亚7个国家作为日本蜂蜜进口的样本市场。2004—2014年，日本每年从这7个国家进口蜂蜜的数量占其总进口量的93.95%以上（表2），所选择的样本市场具有很强的代表性。

考虑到国内同行在做蜂蜜贸易情况报道时大多采用数量单位，同时为了剔除通货膨胀和货币因素的影响，本文选择以t或万t为单位的进出口量数据，而不是以美元计价的进出口额数据。文中所用的原始数据来源除特别说明以外，其余均来自于FAO. http：//faostat. fao. org/和UN comtrade. http：//comtrade. un. org/。

四、CMS模型的测算结果

在运用已修正的CMS模型对日本蜂蜜进口影响因素进行实证分析时，为平滑个别年份数据剧烈波动的影响，将样本时间区间平均划分为三期：2004—2006年为第1期、2007—2010年为第2期、2011—2014年为第3期。为了更真实地反映日本蜂蜜进口量的情况，每一期蜂蜜的进口量均采用了年度平均值（表3）。

表3　日本蜂蜜1~3期平均进口量　（单位：t）

进口市场	第1期（2004—2006年）		第2期（2007—2010年）		第3期（2011—2014年）	
	日本进口	出口总量	日本进口	出口总量	日本进口	出口总量
世界总量	43 422	404 661	39 109	430 643	38 577	541 004
中国	39 208	83 632	32 821	80 547	29 623	116 218
加拿大	399	13 338	1 330	19 922	2 321	12 408
阿根廷	2 014	91 396	2 274	66 094	2 717	66 803
匈牙利	254	17 731	428	18 282	839	15 887
墨西哥	89	23 572	191	28 514	379	32 884
新西兰	365	3 935	456	6 958	542	9 025
罗马尼亚	116	8 332	84	8 753	322	11 281
其他国家	977	162 725	1 526	201 573	1 834	276 498

表4　第1~2期、第2~3期世界和日本主要进口国蜂蜜出口增长率

世界和日本蜂蜜主要进口国	出口增长率（%）	
	第2期与第1期比较	第3期与第2期比较
世界出口总量	6.42（+）	25.63（+）
中国	-3.69（-）	44.28（+）
加拿大	49.36（+）	-37.72（-）
阿根廷	-27.68（-）	1.07（-）
匈牙利	3.11（-）	-13.10（-）
墨西哥	20.97（+）	15.33（-）
新西兰	76.83（+）	29.70（+）
罗马尼亚	5.06（-）	28.88（+）
其他国家	23.87（+）	37.17（+）

注：（+）表示世界市场规模的正效应和市场分布的正效应
　　（-）表示世界市场规模的负效应和市场分布的负效应

表5　2004—2014年中国蜂蜜出口贸易影响因素的CMS模型测算结果

进口动因	第2期与第1期相比		第3期与第2期相比	
	贡献量（t）	贡献比例%	贡献量（t）	贡献比例%
总效应	-4 313	-100	-532	-100
市场规模效应	2 788	64.64	10 023	1 882.26
市场分布效应	-4 049	-93.87	4 736	889.36
进口竞争力效应	-3 052	-70.76	-15 291	-2 871.61

（一）市场规模效应对日本蜂蜜进口的影响

从表4中看，第2期和第1期相比、第3期和第2期相比，世界的蜂蜜总体出口增长率是6.42%、25.63%，正增长率导致市场规模效应的扩大。从表5中的CMS计算结果看，第2期和第1期相比、第3期和第2期相比，日本蜂蜜进口的市场规模效应都是正向效应，这是因为世界蜂蜜出口规模的扩大带动了日本蜂蜜进口的不断增长，使日本蜂蜜进口分别增加了27 88t和10 023t，所得出的贡献率分别是64.64%和11 882.26%（表5）。这一结果表明：世界蜂蜜出口的增长带来日本蜂蜜进口明显的正向市场规模效应，说明了世界蜂蜜出口总量的增大从而带来日本蜂蜜进口量的增加。这符合在CMS模型中，给定日本进口蜂蜜占世界市场份额不变，日本蜂蜜进口量随世界蜂蜜市场规模增长而增加的假设。

（二）市场分布效应对日本蜂蜜进口的影响

1. 市场分布效应中第2期和第1期的比较分析

从表5中测算的结果看，市场分布效应对日本蜂蜜进口拉动的作用比较弱，第2期和第1期作比较出现了负向效应，使日本的蜂蜜进口减少了4 049t,贡献比率为-93.87%。从表4来看，在这7个进口市场中只有加拿大、墨西哥、新西兰的蜂蜜出口增长率高于世界水平，是正效应，但日本从这几个国家蜂蜜进口增加的量也不多，分别是加拿大931t、墨西哥102t、新西兰91t。而中国在这一时期的出口增长率不但低于世界水平，而且是负增长，即减少3.69%，是明显的负效应。而中国又是日本的最大进口国，在第1期中日本从中国进口的数量占其进口总量的90%左右（表1），这明显的负效应使得日本从中国进口的蜂蜜减少了6 397t。而且，另一个蜂蜜出口主要国家——阿根廷在这一时期的出口也负增长27.68%。在从中国进口蜂蜜大量减少的情况下，日本从阿根廷进口的蜂蜜也仅增加了260t。

表6　主要进口国或组织关于进口蜂蜜氯霉素残留量规定的变化情况

（单位：μg/L）

国家	2001年	2002年	2003年	2004年	2005年	2006—2014年
日本	50	50	5	5	5	0.5
欧盟	5	0.1	0.1	0.3	0.3	0.3
美国	5	0.3	0.3	0.3	0.3	0.3

究其原因：（1）2006年5月起，日本开始实施新的食品进口控制标

准——“肯定列表制度”，该列表要求日本进口蜂蜜氯霉素的残留标准由5μg/L提高至0.5μg/L水平（表6）[7][12]。（2）中国新的国家标准GB18796—2005《蜂蜜》在2006年3月1日开始实施，因为增加了“蜂蜜的真实性要求”条款，一时有效遏制蜂蜜掺杂使假的势头，使得中国国内蜂蜜的原料收购上涨近一倍，出口货源趋紧。加上劳动力、生产、检验成本增加，人民币升值，出口价格也相应提高。2006年蜂蜜出口平均单价1 298美元/t，同比提高31.1%[7]。这导致了这一时期日本从中国进口的蜂蜜数量大大减少。

2. 市场分布效应中第3期和第2期的比较分析

从表5中测算的结果看，第3期和第2期作比较，市场分布出现了正向效应，使日本的蜂蜜进口增加了4 736t，贡献比率是为889.36%。在7个贸易市场中，中国出口蜂蜜的数量大大增加，增长了44.28%，是正效应，但是这一时期日本从中国进口的蜂蜜却减少了3 198t。究其原因应该是日本在2012年9月提出将钓鱼岛“国有化”后，中日关系变为紧张，进而严重影响中日之间的进出口贸易，这当然也包括蜂蜜。因此，日本就从其他国家进口更多的蜂蜜，虽然这一时期加拿大、阿根廷、匈牙利和墨西哥蜂蜜出口增长率低于世界水平，具负效应，但日本从这一些国家进口蜂蜜的数量却在增加。从表3可见，这一时期日本从其他国家和地区进口蜂蜜增加2 665t，因此，出现了正向的市场分布效应。

（三）进口竞争力效应对日本蜂蜜进口的影响

从模型的测算结果看，2004—2014年，日本蜂蜜进口竞争力效应一直向低谷滑落中。从表5可以看出，在第2期与第1期相比较中，蜂蜜进口竞争力出现非常明显的负效应，使得日本蜂蜜从世界进口数量减少了3 052t，贡献率为-70.76%。在第3期与第2期相比较中，蜂蜜进口竞争力效应进一步下滑，导致日本蜂蜜从世界进口数量减少了1 5291t，贡献率高达-2 871.61%。究其原因：（1）日本从2006年5月开始实施“肯定列表制度”后，由于进口标准的提高，使得日本蜂蜜进口市场的吸引力下降。（2）中日“钓鱼岛事件”影响了中日之间正常的交往和贸易。（3）2011年日本福岛核电站事故也影响了中日之间各种农产品的贸易[13]。（4）可能还有的原因：2007年美国的次级贷危机引起的金融危机，进而在2008年引发全球的经济危机也影响着日本国内的经济发展和进出口贸易。

五、结论及讨论

（一）结论

第一，本文运用已修正的 CMS 模型从市场规模效应、市场分布效应以及进口竞争力效应对 2004—2014 年日本的蜂蜜进口贸易进行了实证分析。结果发现：日本蜂蜜进口量的增长速度远远低于世界蜂蜜出口量增长的平均水平。其原因是：进口市场分布过于集中、进口竞争力明显下降引起的。

第二，2011—2014 年，日本蜂蜜进口的市场分布效应由负转正，说明日本蜂蜜进口来源地趋于分散和多元化。日本从中国进口蜂蜜数量占其总进口数量的比重由最高的 90.94%下降到 2014 年的 74.48%，这必须引起我们的重视。

（二）讨论

日本蜂蜜进口竞争力持续下滑，对日本的蜂蜜进口产生很大的影响。这是否与日本人口数量的减少、人口老龄化严重、GDP 增长缓慢甚至下降等因素有关？还是日本国内消费能力下降、消费习惯是否发生变化而导致对蜂蜜的需求量下降？这些问题有待于进一步探究。

参考文献

[1] 中国蜜蜂网．日本蜂业［EB/OL］．http：//www.okmifeng.com/gwyfy/16513.htm，（2011-12-14）［2016-04-4］．

[2] 王云锋，王秀清．中国蜂蜜在日本市场的需求弹性［J］．国际贸易问题，2006（1）：53-60．

[3] 周安平．日本蜂蜜进口主要依赖中国［J］．世界热带农业信息，1998（11）：13-18．

[4] 黄文诚．日本的养蜂事业［J］．中国养蜂，1983（2）：26-32．

[5] 张寒，聂影．中国林产品出口增长的动因分析：1997—2008［J］．中国农村经济，2010（1）：35-44．

[6] 夏晓平，隋艳颖，李秉龙．中国畜产食品出口波动的实证分析——基于需求、结构与竞争力的三维视角［J］．中国农村经济，2010（10）：77-85．

[7] 徐国钧，顾国达，李建琴．基于 CMS 模型的中国蜂蜜出口贸易研

究［J］. 中国蜂业，2015（7）：13-19.

［8］ 周力，应瑞瑶，江艳．我国葡萄酒进口贸易波动研究——基于CMS模型的因素分解［J］. 农业技术经济，2008（2）：25-30.

［9］ 刘艺卓．基于恒定市场份额模型对我国乳品进口的分析［J］. 国际商务：对外经济贸易大学学报，2009（4）：36-40.

［10］ 田秀华，杨莲娜．基于CMS模型的中国的棉花进口增长的因素进行分析［J］. 中国棉花，2014（5）：1-6.

［11］ 王太祥，张思玉，张杰．我国棉花进口贸易波动研究——基于CMS模型的因素分解［J］. 农业技术经济，2014（11）：82-88.

［12］ 陈振起．日本对进口蜂蜜新的列表制度对我国养蜂业的影响［J］. 蜜蜂杂志，2006（4）：40-41.

［13］ 杨静雅，黄硕琳．中日水产品贸易的变化及我国的应对措施［J］. 上海海洋大学学报，2014，23（6）：942-947.

美国蜂蜜价格支持政策评价及其对我国的启示①

孙翠清　赵芝俊

（中国农业科学院农业经济与发展研究所　北京　100081）

摘　要：美国政府对养蜂业的发展非常重视，早在1949年就出台了旨在保证授粉蜂群数量的蜂蜜价格支持政策，该政策几经调整，至今仍在执行。在回顾美国蜂蜜价格支持政策历史的基础上对其进行分析评价。借鉴美国蜂蜜价格支持政策的利弊，对制定未来我国养蜂业政策需注意的一些问题提出了一些建议。

关键词：蜂蜜价格支持政策；销售援助贷款；贷款差价支付

Evaluation of American Honey Price Support Program and Its Implication to China

Sun cuiqing　Zhao zhijun

(Institute of Agricultural Economics and Development

Chinese Academy of Agricultural Sciences)

Abstract: American paid much attention to bee keeping. As early as 1949, it established honey price support program to guarantee the number of honeybees to pollinate crops, during several times of adjustments, the policy is still in implementation. The paper reviewed the history of American honey price support program and

---

① 项目来源："国家蜂产业技术体系建设"专项经费（编号：nycytx-43-kxj18）

analyzed the policy. The paper then raised some suggestions on how to establish future bee policies of china using the advantages and disadvantages of American honey price support program for reference.

Key words: honey price support program, Marketing Assistant Loan, Loan Deficiency Payment

美国是世界上对农业进行补贴和给予政策支持较多的国家，早在 1933 年，美国就开始对部分农产品实施价格支持政策。蜂蜜在 1949 年被纳入农产品价格支持政策体系，其原因一方面是为了有足够数量的蜂群为农作物授粉，保障农业生产正常进行，进而维持经济稳定；另一方面是由于第二次世界大战结束后，食糖配给政策取消，使得食糖的替代品——蜂蜜的生产供过于求，价格下跌。

相比之下，我国尽管是农业大国，政府对养蜂业给予的财政支持和相关扶持政策却很少，更没有上升到法律层次的扶持政策。因此，分析评价美国蜂蜜价格支持政策的利弊及政策效果，对于探索制定未来我国养蜂业的扶持政策具有很强的借鉴意义。

一、美国蜂蜜价格支持政策的历史

美国 1949 年的《农业法案》（Agricultural Act of 1949）将蜂蜜纳入农产品价格支持政策（Price Support Program）体系的范围，从 1950 年起正式生效。

1950 年和 1951 年的蜂蜜价格支持方式为美国农业部直接购买蜂蜜包装商（Honey Packers）的蜂蜜。1950 年的蜂蜜价格支持政策实施办法如下：蜂蜜包装商与美国农业部签订合同，并承诺蜂蜜达到农业部对清洁度、水分含量和口感等一些指标的要求，美国农业部同意按照蜂蜜支持价格向包装商购买所有无法通过正常渠道销售的蜂蜜。美国农业部同时向包装商支付所有按照农业部的要求进行运输、储藏和加工处理蜂蜜等产生的相关费用。蜂蜜生产者可以 9 美分/磅的价格将蜂蜜卖给符合条件的蜂蜜包装商。1951 年的政策执行方案与 1950 年类似，只是不同等级的食用蜂蜜的支持价格相差 1.1 美分/磅。

从 1952 年起美国农业部向蜂蜜生产者（包括养蜂者和养蜂合作社）提供无追索权的销售援助贷款（Marketing Assistant Loan，MAP）。当蜂蜜收获时的蜂蜜行情不好时，蜂蜜生产者可将其生产的蜂蜜作为抵押品，向美国农业部下属的商品信贷公司（Commodity Credit Corporation，CCC）申请蜂蜜销售援助贷款，待市场行情较好时出售蜂蜜偿还贷款和利息。而如果市场行情一直不好或蜂蜜生产者不想还款，他可让商品信贷公司没收其所抵押的蜂蜜以抵偿全部贷款，且无须支付利息。

1952—1985 年，蜂蜜销售援助贷款的贷款率（Loan Rate）[①] 为浮动比例，为蜂蜜平价（Parity Price）[②] 的 60%~90%，具体贷款率取决于蜂蜜等级（是食用蜂蜜还是非食用蜂蜜）和颜色（白色、特浅琥珀色、浅琥珀色、琥珀色），蜂蜜品质越好，贷款率越高，贷款总额即为贷款率乘以抵押蜂蜜的总重量。如果蜂蜜储藏在商品信贷公司认可的商业仓库，则贷款率可以达到平价的 95%。贷款期为一个生产年度，即当年的 4 月 1 日到下一年的 3 月 31 日。

1985 年制定的《食品安全法案》（Food Security Act of 1985）对蜂蜜价格支持政策做出了较大调整。该法案放弃了过去用来计算蜂蜜销售援助贷款率的平价计算公式，在 1986—1990 年执行固定的支持价格，并逐渐降低支持力度。1986 年全国平均的蜂蜜贷款率由 1985 年的 65.30 美分/磅降为 64 美分/磅；1987—1989 年的蜂蜜贷款率分别为 61 美分/磅、59.10 美分/磅和 56.36 美分/磅。

在此基础上，1987 年通过的《预算调整法案》（Budget Reconciliation Act of 1987）又将 1987—1990 年的蜂蜜贷款率分别下调了 2 美分/磅、0.75 美分/磅、0.50 美分/磅和 0.25 美分/磅。该法案还制定了一项允许贷款人以低于贷款率的还款率还款的条款，该条款是否对蜂蜜生产者施行由美国农业部长决定。从 1987 年 10 月起，蜂蜜销售援助贷款的还款率范围为 33 美分/磅（非食用蜂蜜）~40 美分/磅（白蜂蜜）。另外该法案首次通过了对部分农产品施行农产品贷款差价支付项目（Loan Deficiency Payment，LDP）[③]，但该项目实施的农产品范围中不包括蜂蜜。

---

① 贷款率（Loan Rate）是蜂蜜销售援助贷款政策所规定的每磅抵押的蜂蜜能够获得的贷款金额。

② 平价（Parity Price）的概念最早在 1933 年的农业调整法案（Agricultural Adjustment Act of 1933）中出现，是美国政府确定的农产品支持价格。美国政府对当期的农产品价格进行调整，使其与基期（1910—1914 年）的农产品价格具有相同的购买力，调整后的价格即为平价。1948 年的美国《农业法》（The Agricultural Act of 1948）又另行规定了新的“平价”计算公式，它将平价计算的基期改为计算期的前 10 年。

③ 贷款差额支付项目也被称为目标价格补贴项目，由 1985 年的《食品安全法案》首次通过。贷款差额支付是向那些符合无追索权销售援助贷款申请条件但却同意放弃申请的生产者直接支付贷款差额。贷款差额率等于无追索权销售贷款的贷款率与贷款偿还率加利息或农业部确定的当期市场价格二者之中的较低者的差额（如果二者均高于贷款率，则贷款差额为零），贷款差额等于贷款差额率乘以符合条件的蜂蜜总重量。该项目最早被称为生产者选择支付项目（Producer Option Payment，POP）。

1990 年的《食物，农业，保护与贸易法案》（Food, Agricultural, Conservation, and Trade Act of 1990, FACT）又对蜂蜜价格支持政策做出了调整，将蜂蜜销售援助贷款率定为 53.80 美分/磅，并允许对蜂蜜生产者施行贷款差价支付项目。

在 90 年代中期，美国国会想要削减预算赤字，因此在 1994 年和 1995 年的拨款法案中没有安排蜂蜜价格支持政策的财政预算。1996 年的《联邦农业完善和改革法案》（Federal Agriculture Improvement and Reform Act of 1996, FAIR）更是取消了蜂蜜价格支持政策，实施期为 7 年（1996—2002 年）。

尽管 1996 年的农业法案终止了蜂蜜价格支持政策，但 1999 年的《综合统一与紧急拨款法案》（Omnibus Consolidated and Emergency Appropriations Act）决定在 1998 年生产年度设立蜂蜜有追索权贷款，向蜂蜜生产者提供临时贷款，但贷款必须在一定期限内偿还。有追索权贷款率的计算公式为前五年国内蜂蜜市场平均价格（价格极高和极低的年份除外）的 85%。美国农业部 2000 年的财政拨款法案将蜂蜜有追索权贷款政策延长至 1999 年的生产年度，2000 年的农业风险保护法案（Agricultural Risk Protection Act of 2000）又将该政策延长至 2000 年的生产年度。

2001 年美国农业部的财政拨款法案除了向蜂蜜生产者提供 2000 年生产年度无追索权销售援助贷款外，还对蜂蜜生产者施行贷款差价支付项目。该法案规定：（1）无追索权销售援助贷款的贷款率固定为 65 美分/磅，贷款人可放弃抵押的蜂蜜以抵偿全部贷款；（2）按照美国农业部确定的较低还款率加利息或者当期公布的国内各地市场价格（Posted County Prices, PCPs）偿还贷款；（3）贷款差价支付项目适用于愿意放弃无追索权销售援助贷款的蜂蜜生产者，贷款差价支付金额为 65 美分/磅与贷款率或当期市场价格的差额（取差额较高者）乘以符合条件的蜂蜜数量；（4）尚未完成的有追索权贷款可变更为无追索权贷款；（5）已经把 2000 年生产年度的蜂蜜销售完毕的蜂蜜生产者，如果适用于 2001 年财政拨款法案，则可以申请贷款差价支付项目；（6）贷款差价支付额度限制为每个蜂蜜生产者不超过 15 万美元。

2002 年的《农场安全与农村投资法案》（Farm Security and Rural Investment Act of 2002, FSRI）继续向蜂蜜生产者提供为期 9 个月的无追索权销售援助贷款和贷款差价支付项目，执行期限为 2002—2007 年的生产年度，该期间无追索权销售援助贷款的贷款率为 60 美分/磅，其余条款不变。

2008 年的《食品、保护、和能源法案》（The Food, Conservation, and Energy Act of 2008）仍继续向蜂蜜生产者提供无追索权销售援助贷款和贷款差价支付项目，执行期限为 2008—2012 年生产年度，其中 2008—2009 年蜂蜜无追索权销售援助贷款的贷款率仍为60美分/磅，2010—2012年为69美分/磅。

美国蜂蜜无追索权销售援助贷款和贷款差价支付项目的其他相关条款见表1。

表1　蜂蜜价格支持政策的其他相关条款

项目	内容
1. 对贷款者的要求	➢在美国国内生产蜂蜜，并且在申请年度的12月31日之前将蜂蜜提取出来；在贷款期内对蜂蜜有受益权； ➢承担养蜂和生产蜂蜜的财务风险； ➢符合条件的贷款者的非农收入超过50万美元的，可以申请销售援助贷款，但是必须偿还本金和利息，并且不允许申请贷款差价支付项目
2. 对蜂蜜的要求	➢由合格的蜂蜜生产者生产，产自合格的蜜源； ➢在申请年度内在美国国内生产和提取，不能使用进口的蜂蜜； ➢达到商品信贷公司认可的可销售的品质； ➢在符合商品信贷公司要求的容器中储藏
3. 每个生产者享受蜂蜜价格支持政策限额	➢以蜂蜜抵偿的贷款总额：1991年生产年度不超过20万美元，1992年不超过17.5万美元，1993年不超过15万美元，1994年之后各年不超过12.5万美元，2001年不超过15万美元； ➢获得贷款差价支付总额：1991—1996年不超过20万美元，1997年和1998年均不超过5万美元
4. 贷款申请地	➢如果蜂蜜储藏地与生产地为同一地点，则向商品信贷公司在当地的县级代表机构——农业服务局（Farm Service Agency，FSA）提出申请，如果蜂蜜储藏地与生产地不同，则申请人可向其蜂蜜储藏地或其主要生产经营地的农业服务局提出申请
5. 其他条款	➢贷款发放当时即收取一定的贷款服务费； ➢还款率为商品信贷公司从国库借款的利息加1%； ➢贷款前进行检查，确保蜂蜜储藏在合格的容器中并核实蜂蜜的数量

二、美国蜂蜜价格支持政策的实施效果

（一）政府财政支出情况

在1979年之前，由于美国国内蜂蜜市场价格较高，让商品信贷公司没收蜂蜜以抵偿贷款的情况较少发生，因此1979年前美国蜂蜜价格支持的财政支出为零。而到了80年代初，蜂蜜市场价格下滑，蜂蜜支持价格高于国内批发均价和国际市场价格，因此美国商品信贷公司没收的用于抵偿蜂蜜销售援助贷款的蜂蜜越来越多。通过蜂蜜价格支持政策没收的抵押蜂蜜大多通过捐赠的形式分发给特定人群，因此，政府除了负担蜂蜜贷款本金和差价支付资金成本外，还需要承担将大桶散装蜂蜜分装成小包装蜂蜜的包装成本、运输成本和其他处理成本。政府财政支出由1980年的870万美元迅速增加到1988年

的1亿美元（表2），1988年蜂蜜销售援助贷款的发生数达到了1.5万件，抵押蜂蜜总量达到了2.07亿磅，接近美国总产量的98%。

有鉴于此，美国审计总署（The General Accounting Office，1985）向国会提交了一份报告，指出蜂蜜价格支持政策不仅对保证农作物授粉没有起到应有的作用，而且该政策成本较高，且只有少数蜂蜜生产者受益，同时政府对该政策执行的监管不足，因此建议取消蜂蜜价格支持政策。

表2　蜂蜜价格支持政策执行情况（1950—2001年）

生产年度	全国平均支持价格（美分/磅）	贷款发生数（件）	抵押蜂蜜数量（百万磅）	没收蜂蜜数量（百万磅）	财政支出（百万美元）	蜂蜜净进口量（百万磅）
1950	9.1	a	a	7.4[b]	—	2.9
1951	10.1	a	a	17.8[b]	—	-4.5
1952	11.4	344	9.2	7.0	—	-14.9
1953	10.5	128	3.1	0.5	—	-23.0
1954	10.2	76	1.5	0	—	-15.1
1955	9.9	37	1.9	0	—	-10.6
1956	9.7	37	1.6	0	—	-13.4
1957	9.7	81	2.9	0.1	—	-15.0
1958	9.6	156	5.6	0.2	—	-18.5
1959	8.2	42	1.3	0	—	-8.0
1960	8.6	32	1.1	0	—	3.0
1961	11.2	105	4.2	1.1	0	1.8
1962	11.2	99	3.7	0	0.1	-5.9
1963	11.2	65	3.2	0	-0.1	-22.5
1964	11.2	207	9.7	2.2	0	-4.0
1965	11.2	543	17.2	3.3	0.7	-0.5
1966	11.4	643	35.1	4.1	0.1	-4.9
1967	12.5	787	31.0	5.4	-0.1	5.1
1968	12.5	631	24.9	0.1	0.4	8.8
1969	13.0	930	45.7	3.5	-0.9	4.8
1970	13.0	703	40.3	0	0.8	0.8
1971	14.0	478	22.9	0	-0.9	3.8
1972	14.0	377	19.5	0	0	34.9
1973	16.1	244	11.6	0	0	-6.9
1974	20.6	278	12.5	0	0.3	21.4
1975	25.5	a	a	0	-0.3	42.4
1976	29.4	a	a	0	-0.2	61.8

（续表）

生产年度	全国平均支持价格（美分/磅）	贷款发生数（件）	抵押蜂蜜数量（百万磅）	没收蜂蜜数量（百万磅）	财政支出（百万美元）	蜂蜜净进口量（百万磅）
1977	32. 7	324	13. 9	0	1. 5	58. 4
1978	36. 8	473	37. 9	0	3. 5	48. 0
1979	43. 9	792	49. 1	0	-1. 7	49. 8
1980	50. 3	1 201	41. 1	6	8. 7	40. 5
1981	57. 4	2 188	55. 2	35. 2	8. 4	68. 1
1982	60. 4	3 108	88. 4	74. 5	27. 4	83. 5
1983	62. 2	4 749	113. 6	106. 4	48. 0	102. 3
1984	65. 8	—	107. 5	105. 8	90. 2	121. 2
1985	65. 3	6 300	102. 0	97. 6	80. 8	131. 7
1986	64. 0	—	180. 4	41. 0	89. 4	110. 8
1987	61. 0	11 600	216. 4	52. 2	72. 6	45. 9
1988	59. 1	15 090	206. 7	32. 0	100. 1	42. 0
1989	56. 4	—	—	2. 8	41. 7	67. 4
1990	53. 8	—	—	1. 1	46. 7	64. 6
1991	53. 8	—	—	3. 2	18. 6	82. 6
1992	53. 8	—	—	4. 1	16. 6	104. 2
1993	53. 8	—	—	16. 4	22. 1	117. 1
1994	50. 0	—	—	0	-0. 2	114. 9
1995	50. 0	—	—	0	-9. 3	79. 3
1996	—	—	—	0	-14. 0	140. 7
1997	—	—	—	0	-1. 5	158. 5
1998	—	—	—	0	0	122. 0
1999	—	327	21. 0	0	2. 4	171. 5
2000	65. 0	897	54. 0	0	7. 1	188. 1
2001	65. 0	—	—	0	22. 6	—

数据来源：全国平均支持价格（1950—1999）、没收蜂蜜数量（1950—2001）、财政支出（1950—2001）、蜂蜜净进口量（1950—2001）数据来自 Mary etc.（2003）；全国平均支持价格（2000—2001）来自 Carol，（2004）；

贷款发生数（1950—1983）、抵押蜂蜜数量（1950—1983）来自 GAO（1985）；贷款发生数（1984—1988）、抵押蜂蜜数量（1984—1988）来自 Frederic & Jane（1990）；贷款发生数（1999—2000）、抵押蜂蜜数量（1999—2000）来自美国蜂蜜月报（National Honey Report）2001. 4 和 2001. 8。

注：a. 实行直接购买蜂蜜包装商的蜂蜜的政策。

b. 政府通过购买协议购买蜂蜜包装商的蜂蜜的数量。

（二）对养蜂业的影响

蜂蜜生产者非常支持蜂蜜价格支持政策，因为该政策减少了蜂蜜价格波动，保证了蜂蜜生产者有稳定的收入。但是由于美国蜂蜜支持价格高于国内均价和国际价格，使得美国的蜂蜜缺乏国际竞争力，蜂蜜加工企业和工业用蜂蜜者开始从国外进口更便宜的蜂蜜来代替国内生产的蜂蜜，1980—1985 年，美国蜂蜜的净进口量增长了两倍多（表 2）。尽管蜂蜜价格支持政策受到了蜂蜜生产者的欢迎，美国的蜂群数量仍呈现逐年下降的趋势，从 1961 年的 5. 51 万群，下降到 2010 年的 2. 68 万群，减少了 56%（表 3）。

表 3　美国蜂群数量变化情况　（单位：百万群）

年份	蜂群数	年份	蜂群数	年份	蜂群数	年份	蜂群数	年份	蜂群数
1961	5. 51	1971	4. 11	1981	4. 21	1991	3. 18	2001	2. 51
1962	5. 51	1972	4. 09	1982	4. 25	1992	3. 03	2002	2. 57
1963	5. 53	1973	4. 12	1983	4. 28	1993	2. 88	2003	2. 59
1964	5. 60	1974	4. 21	1984	4. 30	1994	2. 77	2004	2. 56
1965	4. 72	1975	4. 21	1985	4. 33	1995	2. 65	2005	2. 41
1966	4. 65	1976	4. 27	1986	3. 21	1996	2. 57	2006	2. 39
1967	4. 64	1977	4. 32	1987	3. 19	1997	2. 63	2007	2. 40
1968	4. 54	1978	4. 09	1988	3. 22	1998	2. 63	2008	2. 34
1969	4. 43	1979	4. 16	1989	3. 44	1999	2. 69	2009	2. 49
1970	4. 63	1980	4. 14	1990	3. 21	2000	2. 62	2010	2. 68

数据来源：FAO 数据库。

蜂蜜价格支持政策的目的是期望通过稳定蜂蜜的价格来保证授粉蜂群的数量，但是在实际中，那些对蜜蜂授粉依赖性强的作物往往并不是最好的蜜源植物。根据美国审计总署的调查（GAO，1985），为了生产更多蜂蜜而获得更多的蜂蜜销售援助贷款或贷款差价支付，蜂蜜生产者往往到流蜜量高的蜜源植物较多的地区放蜂，而这些地区通常并不是最需要蜜蜂授粉的农作物大面积种植的区域，享受了蜂蜜价格支持政策的蜂蜜生产者中每年受雇为农作物授粉的寥寥无几。而且农作物种植者通常把蜜蜂授粉服务费支出看作和其他生产资料一样的常规性成本投入，尽管美国平均蜜蜂授粉服务费不断上涨（表 4），但还没有高到让种植者无法接受的程度，规模较大的种植者甚至自己饲养蜜蜂以供自己的作物授粉使用。因此可以说蜂蜜价格支持政策对于保证农作物授粉所起的作用是有限的。

表 4　美国西北太平洋地区蜜蜂授粉服务费变化情况（2000—2009 年）

（单位：美元/群）

年份	价格	年份	价格	年份	价格	年份	价格	年份	价格
1990	18.40	1995	29.60	1999	32.25	2003	36.45	2007	70.65
1991	19.45	1996	31.55	2000	32.85	2004	38.65	2008	81.15
1992	19.25	1997	31.05	2001	33.65	2005	51.30	2009	89.90
1993	22.50	1998	29.65	2002	36.40	2006	73.85	2010	70.85
1994	28.10								

数据来源：Michael Buregett. 美国蜂蜜月报，2001.1 和 2011.1。

三、美国蜂蜜价格支持政策的理论分析

根据经济学的定义，蜂蜜是私人产品，具有受益上的排他性和消费上的竞争性，而蜜蜂授粉服务则具有一定的公共产品性质。蜜蜂授粉服务的公共产品性质体现在以下几个方面：一是蜜蜂为露天作物的授粉服务具有受益上的非排他性，人们难以控制蜜蜂的飞行范围，因此如果种植户 A 和 B 的土地相邻，则种植户 A 租用的授粉蜜蜂也可能为种植户 B 的农作物授粉，种植户 B 可以免费“搭便车”；二是从生态保护的角度来看，蜜蜂为植物授粉对于保护植物多样性、维持生态系统平衡和改善生态环境有着重要作用，这些生态作用的经济价值是无法评估的，因此蜜蜂授粉服务具有正的外部性特征，免费的蜜蜂授粉服务可以说是一项公共服务。

美国施行蜂蜜价格支持政策的目的是通过财政补贴使蜂蜜价格稳定，促进蜂蜜生产者多养蜜蜂，从而保证有足够的蜂群为农作物提供授粉服务。也即通过对私人产品的补贴来达到增加公共服务数量的目的。然而，按照公共经济学理论，政府干预经济的领域应该是市场失灵的部分，而不应该是能靠市场机制自行调节的生产活动。而美国政府推行的蜂蜜价格支持政策却恰恰干预了正常的蜂蜜产销市场。

另外，由于为人类提供食物的农作物并不一定是高产蜂蜜的蜜源植物，而许多植物的花期相同或相近，因此蜜蜂多生产蜂蜜和多为农作物授粉时常存在冲突。如大宗蜂蜜产品洋槐蜜、椴树蜜、荆条蜜等，多数是野生植物蜜源。而许多为人类提供食物且对蜜蜂授粉依赖性较强的农作物由于流蜜较少，或者其花蜜对蜜蜂的吸引力较小，蜜蜂不愿意主动为这些农作物授粉，如梨树。通常情况下生产蜂产品的利润要高于提供蜜蜂授粉服务的收入，因此大多数蜂蜜生产者通常在不影响其正常生产蜂蜜的情况下才会为种植户提供授

粉服务。因此通过对蜂蜜价格进行补贴以保证为作物授粉的蜂群数量的目标是较难实现的。

四、美国蜂蜜价格支持政策对我国蜂业扶持政策的启示

尽管美国的蜂蜜价格支持政策对于保证为农作物授粉的蜂群数量的作用有限，但是这项政策对于维持养蜂业的发展无疑起到了重要作用。因此，美国蜂蜜价格支持政策给我国的启示有两个方面：一方面是从保护农业生产，保持植物多样性，满足人们丰富和高品质的食物需求的角度而言，国家应该对养蜂业给予扶持；另一方面的启示是要注意对养蜂业的扶持方式，逐步完善蜂产品市场的自我调节机制，对养蜂业的补贴要从蜜蜂授粉的外部性入手，将正的外部效应内部化。

具有来说，我国的养蜂扶持政策应做好以下几方面的工作。

（一）政府要充分认识养蜂业的重要性，重视养蜂业的发展

与美国政府对养蜂业的重视程度相比，我国政府对养蜂业的支持和投入是远远不够的，这与我国的经济发展阶段也是不无关系的。我国作为一个发展中国家，始终将粮食安全放在第一位。而蜂产品只是一种保健品，保健品的缺失并不会引起大规模的饥荒，进而影响社会安定。另外大宗粮食的生产过程中通常不需要蜜蜂授粉，需要蜜蜂授粉的作物主要是一些蔬菜、水果、经济作物、油料作物、牧草及其他一些野生作物，人类对食物的基本需求中，粮食显然会排在蔬菜和水果之前。

在改革开放以来的相当长一段时间，我国存在的大量农村剩余劳动力使得农业劳动力价格较低，野生昆虫授粉无法满足的农作物授粉通常使用人工授粉完成，因此蜜蜂授粉的稀缺性并没有体现出来。而在劳动力价格非常高的美国，使用人工授粉所带来的生产成本增加是难以让种植业者承受的。因此，蜜蜂授粉已经成为美国某些作物生产所必需的生产要素，美国政府也因此对养蜂业高度重视。

随着农村剩余劳动力的不断转移，我国农村劳动力价格不断上升，人工授粉的价格快速上涨，这使得种植户的授粉成本大大增加。此外，农业生产中杀虫剂的大量使用，农业专业化发展造成的农业种植结构的单一化，也使得能为作物授粉的野生昆虫的数量迅速减少。这两方面的原因使得种植户开始寻找人工授粉的替代品。而蜜蜂授粉由于授粉效果好（如提高座果率和结实率，改善果型、口感、单果重等果实品质），价格低廉，不仅增加了种植户

的收入，还降低了其生产成本，无疑是人工授粉替代品的最佳选择。

因此，政府要通过一些优惠政策来鼓励和引导蜜蜂授粉的推广，使种植户和养蜂户从中直接受益，使广大消费者间接受益。

（二）尽量减少对蜂产品市场的直接价格干预，避免对蜂蜜价格进行补贴

目前我国蜂蜜市场存在的一个严重问题是蜂产品掺假造假现象严重，如果对蜂蜜价格进行补贴，将难以保证不符合标准的蜂蜜生产者骗取补贴，则政策监管成本会非常高。另外我国与美国养蜂业的发展基础不同，美国养蜂者数量少，饲养规模大，蜂蜜产量高，而我国蜂农数量多，蜂蜜户均产量小，如果在我国实施蜂蜜价格补贴政策，其交易成本将会非常高。因此对养蜂业的支持政策不宜放在蜂蜜价格环节。

（三）为养蜂业发展提供配套服务

美国蜂蜜价格支持政策的执行过程中所发生的运输、储藏和重新包装等费用完全由政府承担，大大减轻了养蜂者的经济负担。因此，我国政府也应该做好养蜂业的配套服务，这样既不会扭曲蜂蜜市场价格，又促进了养蜂业的发展。比如产量高、品质好的蜂蜜通常来自天然蜜源植物，而天然蜜源植物往往生长于交通不便的深山老林，许多小规模养蜂户的养蜂生产资料的购买和蜂蜜销售都存在较大困难，如果政府对偏远地区的养蜂者或养蜂合作社多给予资金支持，将会促进更多优质蜂蜜的生产和销售，不仅提高养蜂者的收入，还能为消费者提供更多的蜂产品。

（四）在蜜蜂授粉服务推广上制定优惠政策，增加资金投入

蜜蜂授粉对社会经济的贡献要远远大于蜂产品的贡献，今后的农业生产对蜜蜂授粉的依赖性也会越来越强，因此，美国政府早在20世纪50年代就出台了蜂蜜价格支持政策。

做好具有公共服务性质的蜜蜂授粉的推广工作是政府的责任。目前我国蜜蜂授粉的推广规模小，推广速度慢的原因，除了蜜蜂授粉的一些技术问题有待进一步研究解决外，比如放置蜂箱的密度，粉源植物的配比等，更主要的原因是种植户对蜜蜂授粉的认识不足，有的甚至认为蜜蜂采蜜会损害花朵。依靠蜂农来改变种植户对蜜蜂授粉的认识是很难的，需要政府组织相关力量进行试验示范、宣传推广，让广大种植户受益。由于蜜蜂授粉具有公共服务的性质，因此政府不仅要承担宣传推广的成本，还可在推广前期承担蜜蜂授

粉服务费，可以对种植户适当给予引导性和示范性补贴，鼓励他们使用蜜蜂授粉，等种植户对蜜蜂授粉的效果逐渐认识和接受以后，再减少或取消对蜜蜂授粉服务的补贴。

参考文献

Carol Canada & Jasper Womach. 2004. Farm Commodity Programs: Honey, CRS Report for Congress, Dec. 3.

Frederic L. Hoff, Jane K. Phillips. 1990. Beekeeping and the honey program. http://findarticles.com/p/articles/mi_ m3284/is_ n1_ v13/ai_ 8897975/? tag=content; col1.

Mary K. Muth, Randal R. Rucker, Walter N. Thurman, etc. 2003. The Fable of the Bees Revisited: Causes and Consequences of the U. S. Honey Program, The Journal of Law & Economics, Oct.

Michael Burgett. 2001. Pacific Northwest Honey Bee Pollination Economics Survey 2000, National Honey Report, Jan. 8.

Michael Burgett. 2009. Pacific Northwest Honey Bee Pollination Economics Survey 2009, National Honey Report, Dec. 15.

United States. 1985. General Accounting Office. Federal Price Support for Honey Should be Phased Out, Report to The Congress, Aug. 19.

对区域农产品质量安全管理的制度探索①

——基于桐庐县蜂产品质量安全示范区的实证研究

张社梅[1②]　毛小报[2]　柯福艳[2]　赵芝俊[3]

（1. 四川农业大学四川省农村发展研究中心；2. 浙江省农业科学院农村发展研究所；3. 中国农业科学院农业经济与发展研究所）

以桐庐县蜂产品质量安全示范区建设为例，分析了该运作模式的基本内涵，并从政府、生产经营主体、社会组织三个层面深入分析了该模式在区域农产品质量安全控制中的制度特征，认为该模式在构建政府主导、权责明确的统筹监管体系，形成以产品溯源和供应链整合为核心的内在控制机制，采取民营官助形式发挥社会组织的重要作用等方面作出了创新性的探索。

农产品质量安全问题事关人民群众身体健康和生命安全，已成为全社会广泛关注的热点问题，也是各级政府正在着力解决的重大问题。但由于农业生产涉及面广、产业链长，且生产高度分散，再加上现行的农业标准体系建设相对滞后、市场准入制度不完善以及市场监管职责不明确等问题，导致农产品质量安全管理工作的推进面临重重困难。

蜂产业是我国的传统优势农业产业之一，蜂群饲养量、蜂产品产量及其出口量均居世界首位，但由于蜂产业具有场地流动性强、生产随意性大、管理松散性突出等行业特殊性，使得蜂产品的质量安全管理难度较其他农产品更大。浙江省桐庐县是我国的蜂产品生产加工出口大县，经过几年的努力率先探索建立桐庐蜂产品质量安全示范区（以下简称“桐庐示范区”），在保障区域农产品质量安全工作中取得了明显成效。同时，桐庐示范区模式还显示出良好的带动效应，2010 年 7 月，浙江蜂产业大县江山市也启动建设蜂产品质量安全示范区。本文通过对桐庐示范区建设的实证研究，深度剖析桐庐

---

① 资助来源：国家蜂产业技术体系建设专项资金。

② 作者简介：张社梅（1978—），女，陕西凤翔人，博士，副研究员，主要从事农业技术经济研究，028-86291118，Email：zhangshemei@163.com.

示范区运作模式的制度内涵及其在区域农产品质量安全管理中的重要价值。

一、桐庐蜂产品质量安全示范区建设的背景

桐庐县位于浙江省西北部，隶属杭州市，气候温和湿润，自然条件优越，养蜂历史悠久。1988 年，桐庐县被原农业部列为全国优质蜂产品生产基地，经过 20 多年的发展，现已成为全国最大的蜂产品加工出口基地，尤其是生产的蜂王浆及蜂王浆冻干粉占全国出口量的 50%以上。2006 年，该县被命名为“中国蜂产品之乡”（蓝少华等，2009），蜂产业已成为该县农业中最具优势的主导产业。桐庐县提出建设蜂产品质量安全示范区，主要是基于以下三个方面的考虑。

（一）迎接蜂产品国际贸易壁垒的挑战

近几年，随着蜂产业国际贸易环境的变化，欧盟、日本等国家相继设置了更加严厉的技术性壁垒和绿色壁垒。2002 年，欧盟以中国蜂产品氯霉素等抗生素残留超标为由，中止了进口中国蜂产品；2007 年，日本增加了进口蜂产品中 13 项磺胺类兽药残留的检测，使我国蜂产品的出口形势更加严峻；2009 年、2010 年连续两年内，中国销往欧盟的蜂蜜发生了 4 起因未经许可使用了红霉素、林可霉素和检出了禁止使用的硝基呋喃代谢物被退回和就地销毁的事件等。我国蜂产品出口屡屡受阻，这也使以加工出口为主的桐庐蜂产业曾一度面临严重危机。桐庐蜂产业迫切需要加强与国际市场的接轨，进一步提升质量安全水平，做好应急与出口预警工作，以扭转不利局面。

（二）提升发展区域优势农业产业

由于蜂产业上联生产农户、下联加工企业，是桐庐县的传统优势产业和农业支柱产业，桐庐县政府一直以来对蜂产业十分重视。然而从产业发展的现状来看，传统的小规模分散经营暴露出越来越多的问题，生产的随意性、经营的粗放性、管理的松散性等，与规模化、标准化、产业化的现代化蜂业之间的矛盾越来越突出，尤其是生产源头用药不规范、产品质量不达标等问题严重影响整个产业的发展。如何实现蜂产业由粗放型、数量增长型向集约型、质量效益双提高转变，建设高效、生态的绿色产业体系，促进区域优势产业转型发展就成为摆在当地政府面前的一件大事。

（三）为资源积聚、规范产业发展搭建平台

构建蜂产品质量安全管理体系是一个系统工程，需要高度整合生产、收

购、加工、销售等产业链各环节的资源，搭建科学合理的管理框架，同时还必须投入大量的人力、物力和财力。2007 年，国务院颁布了《关于加强食品等产品安全监督管理的特别规定》（国务院令第 503 号），国家质检总局随后于 2008 年提出了关于食品安全实施区域化管理的设想，以期从根本上解决源头农业化学品和环境污染问题。桐庐县蜂产业发展实际、面临的困难与国家的产业支持政策十分吻合，其作为重点出口蜂产品加工基地被首批列入出口加工示范区。为进一步利用好各级政府的支持政策，突破蜂产业发展的质量安全瓶颈，2008 年 11 月，桐庐县政府又与杭州出入境检验检疫局联合，在全国建立了第一个蜂产品质量安全示范区，这为集聚各类要素资源、集中力量攻克蜂产业发展中面临的难题搭建了平台。

二、桐庐蜂产品质量安全示范区建设的主要内容

（一）构建政府主导、农业部门主抓的组织管理机构

为加强对示范区建设工作的领导，示范区成立了以该县分管农业的副县长为组长，县农业局、县财政局、县药监局、县工商行政管理局、县技术监督局、县经贸局、县外经贸局、县公安局八家单位为主要成员的工作领导小组。领导小组下设办公室，负责示范区的具体工作，办公地点设在桐庐县农业局，明确了农业局在整个产业质量安全监管中的主导地位。示范区领导小组的主要职责包括：规范桐庐县范围内的养蜂基地，指导蜂产品企业规范管理，建立蜂产品质量追溯体系，确保蜂产品生产、加工、销售、运输每个环节的蜂产品质量安全。

该县农业局为理顺管理体系，按照属地管理的原则整合各乡镇养蜂农户，组建了八个联合蜂场，并落实了联合蜂场场长人选，明确联合蜂场在示范区建设中的桥梁作用（主要任务要三：一是向蜂农传达示范区的通知、发放蜂药等；二是向企业推介本场蜂产品；三是向示范区反馈蜂农需求），实现了示范区的层级管理。另外，桐庐县政府每年拔出 20 万元专项经费用于示范区建设，以保障示范区建设工作能够正常顺利地开展。

（二）构建以蜂药的采购和使用管理为核心的生产管理体系

蜂产品的质量安全问题主要可归结为两类：一是农、兽药物残留问题，二是产品的掺假、造假问题。药物残留问题往往发生在生产领域，主要是养殖中部分农兽药使用不规范，造成违禁兽药、抗生素含量超标。为了更好地

对示范区基地蜂农的养蜂行为进行规范，确保蜂农不使用违禁药物，科学养殖蜜蜂，示范区办公室出台了一系列的政策措施。

1. 成立蜂药配送中心，统一供药

示范区成立蜂药配送中心，建立养蜂用药管理制度，选取了常用安全蜂药进行统一采购和发放，指定专人管理蜂药购销台账。为了提高安全蜂药的发放量，除了蜂农自行到蜂药配送中心购药外，配送中心还将蜂药集中配送到各联合蜂场，方便蜂农购药。另外，蜂农购买配送中心的蜂药仅需支付蜂药成本价，年底还可领取蜂药补贴款（目前按蜂药款的30%进行补贴），提高蜂农购买安全蜂药的积极性。至目前为止，通过配送中心购药的蜂农已占到整个示范区的91%左右。

2. 各职能部门协作，统一监管

示范区各成员单位密切配合加强对全县蜂药的监管，县工商局、县质检局不定期地对全县兽药店进行检查监督，保障各药店经营合法，产品合格。县畜牧局和农业执法大队经常对蜂药经营业主宣传相应的法律法规和用药知识，指导药店经营低毒高效蜂药，确保各蜂药店经营的蜂药不会对全县蜂产品产生较大污染。

3. 制定用药督查管理程序，着力落实

示范区通过联合各蜂场场长、小组长，对蜂农进行经常性的监督检查，督查主要内容为：有无用药、用什么药、蜂场及其周边环境卫生、生产是否规范化及养蜂日志的记录情况等，由督查成员填写督查记录表。示范区办公室再对督查情况进行监督，并对督查的真实性进行随机抽查。每年每个联合蜂场督查次数在3次以上。这使该县的养蜂生产行为得到了进一步规范。

（三）建立以质量追溯和产业链整合为目标的产品管理机制

为了开展有效的蜂产品质量安全追溯，示范区办公室创建了一套从蜂农、联合蜂场到蜂产品企业均可追溯的完整体系，实现了产业链的整合和产品质量的有效管理，这样既可分辨质量安全问题类别，进一步开展风险评估、明确责任主体，又可提高整个产业链的整体经济效益。

1. 统一产品标识

桐庐县蜂产品原料标识标签原先由各出口企业自行制定，没有统一的标准。示范区办公室根据蜂产品质量溯源的要求，统一印制了产品原料标识标签。通过这一措施提高了产品检测的针对性、减少了检测成本，也提高了产品的可追溯性。目前，示范区每年免费发放原料标识标签达3万余张。

2. 统一产品抽检

示范区制订了出口蜂产品质量安全监控计划和实施方案，每年对六家出口企业的产品进行抽检。2010 年，杭州出入境检验检疫局对示范区基地的产品抽检了 16 个批次，示范区也对基地的产品抽检了 45 个批次，抽检药残合格率达到 86%。对在抽检监控发现的问题进行及时通报，提出整改方案。

3. 建立紧密协作关系

示范区通过建立“企业+合作社/联合蜂场+基地+农户”的运行机制，促进了企业与合作组织、与蜂农之间建立稳定紧密的联结关系。蜂农在合作社或者联合蜂场的技术指导和管理服务下，生产符合企业质量要求的蜂产品。企业则以高于产地平均收购价格进行收购，并为基地蜂户缴纳风险救助金。此外，在年终再拿出部分货款奖励给蜂农，以确保蜂农的经济利益不受损害和鼓励蜂农生产优质蜂产品。

（四）强化出口产品预警通报和应急体系建设

1. 制定应急处置预案

为有效预防、及时控制和消除重大突发性事件及其危害，示范区制定了蜂产品质量安全重大突发性事件应急处置预案。示范区根据监控、检测结果和质量安全状况，定期开展风险评估，对重大安全质量隐患及时发布预警通报，提出整改方案；同时，明确了出现重大产品质量安全事件时的责任单位和责任人，明确有效应对的举措，确保产品和公共安全。

2. 申请出口养蜂基地备案登记

示范区办公室积极完善示范区基地的各项管理制度，建立健全示范区的各项台账记录。2010 年 5 月开始以桐庐县畜牧兽医管理局为备案主题向杭州出入境检验检疫局申请基地备案。虽然当时全国还没有一个以政府机构向商检备案的基地，但杭州局创新工作思路，严格审核把关，示范区基地已经通过了出口养蜂基地检验检疫备案登记，这也是我国唯一的一个以政府行政机构向出入境检验检疫部门备案的养蜂基地。

（五）建立健全配套的支持制度

桐庐县委县政府出台的第 39 号文件，明确了农民新增 50 群蜂以上的，每群给予 80 元的补助，蜂产品加工企业新增养蜂基地 300 群蜂以上的，每群给予 50 元的补助。另外，企业和县政府每年联合出资 20 万元，建立了桐庐县养蜂业风险救助基金，用于救助受到重大自然灾害和重大灾难性事故的蜂农，以帮助他们快速恢复养蜂生产。通过政策扶持和引导，稳定了示范区基地的蜂群数量。为了强化蜂农的质量安全意识、提高蜂农整体的标准化生产技术水平，示范区每年还制订年度蜂农培训计划，聘请相关的蜂业专家对全县蜂农进行集中培训两次，发放培训资料近6 000余册/年。

三、桐庐示范区运作模式的基本内涵及制度特征

当前，农产品质量安全问题已经引起全社会的普遍关注，政界、学界分别从理论、制度和实践各个层面剖析问题，寻求遏制食品安全危机、保障产品安全的解决办法。桐庐示范区作为区域农产品质量安全管理的一个创新，虽然刚刚起步，却取得了明显的成效，其在解决区域农产品质量安全问题上初步取得的突破，所蕴含的制度意义值得我们做进一步挖掘。

（一）桐庐示范区运作模式的基本内涵

桐庐示范区通过搭建区域农产品质量安全控制模式，将投入品管理、生产管理、产品管理、出口管理各环节加以整合，并通过产业链关键点的风险控制，保障农产品的质量安全，最终形成产业上下游紧密协作、产业健康良性发展的局面。桐庐示范区建设模式的关键环节在于：投入品（尤其是农药）质量控制、原料的标识追溯、产成品市场准入以及政府的有效监管，将质量安全控制各环节串起来的是政府的组织、投入和政策优势的发挥（图1）。

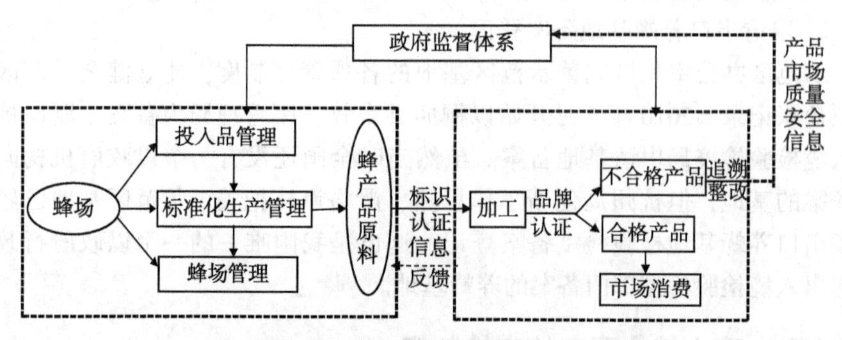

图1　桐庐示范区质量安全管理模式运行流程

桐庐示范区运作模式的基本内涵可概括为：组织创新、资源整合、产业发展、共创共赢。组织创新是指构建区域农产品质量安全管理的大平台；资源整合是指政府有机整合各职能机构的力量以及协调生产、加工、出口等环节的关系；产业发展是指通过打通产业链的滞胀点、提高产品质量安全水平，促进产业持续健康发展；共创共赢是指政府、企业和农户能够实现机制共创、利益共享，只不过政府的利益更多地体现在通过扶持本地主导优势产业，实现最大的社会效益上。从本质上看，组织创新是资源整合的制度基础，资源

整合是产业发展的必要条件（郭晓鸣等，2009），而共创共赢是桐庐模式创新的最终目标，四者互促共进，缺一不可。

（二）桐庐示范区运作模式的制度特征

1. 以政府主导的公共服务为核心，形成农产品质量控制的统筹监管机制

市场经济条件下，政府对农业的指令干预逐步弱化，但随着农产品质量安全事故的频发，政府的宏观调控和干预已被社会所迫切需要。这充分说明在农产品质量安全管理这一问题上存在市场失灵，必须进行政府干预。当然，政府的干预应当保持适宜的程度、采用适宜的手段（朱立志，2004）。桐庐示范区运作模式突出体现了政府在公共管理、信息流通、组织执行、财政保障等方面的统筹优势。

（1）从公共管理职责来看，单纯的农产品市场调节机制容易受到参与主体的多重逐利性目的驱使而出现市场调节失灵，从而导致危害公共安全的农产品质量安全问题频频出现。强化农产品生产、流通市场的相关监管、纠正市场调节的失灵是政府公共管理职能的必然要求。桐庐示范区政府通过构建高效运转、反应迅速的农产品质量安全综合管理体系，强化对区域内蜂产品质量的监督，有效保障了蜂产品的市场秩序，从而抑制了区域蜂产品陷入“柠檬市场”的怪圈（柯福艳等，2011）。

（2）从信息流通来看，农资供应商与农产品生产者之间、生产者和加工经营者之间、生产经营者与消费者之间都存在信息不对称的情况（何李花，2008），导致假种子、高毒高残农药仍在使用、优质农产品难以实现优价等问题的存在。要解决这类问题，必须由超越农产品交易主体之上、掌握丰富信息的政府通过相应制度安排，加强对农产品质量安全的监管。桐庐示范区通过创建养蜂日志、统一产品标识、构建质量追溯体系等，形成从原料到产品可供追溯的信息共享系统，从而克服了农产品交易中各利益主体之间不能达成信息提供协议的缺陷。

（3）从组织执行力来看，政府拥有法律赋予的权力和完备的组织机构，拥有调节市场经济矛盾的强制力。但由于农产品质量安全管理体系庞大，不仅涉及生产资料、生产过程、经营销售等诸多环节，而且涉及标准制定与实施、检测检验、认证鉴定、监督执法等诸多领域。在现行的农产品质量安全管理体制下，农产品质量安全管理的权限分属农业、经贸、供销、外贸、卫生、质检、工商、环保等多部门，由于多头管理、权责不清，在很大程度上存在管理职能错位、缺位、越位和交叉分散现象，难以形成协调配合、运转高效的管理机制（朱立志，2004）。桐庐示范区的建立从一开始就将各个部门

统一起来，融为一体，由示范区建设工作领导小组统一协调，改多头管理为一家管理，并明确了农业主管部门在管理中的主导地位，从而形成各司其职、齐抓共管的良好局面。

（4）从财政支持角度来看，进行农产品质量安全监管需要付出成本，只有国家财政作为强有力的保障才能确保政府对农产品质量安全的监管工作能够得到切实实施，但政府的监管成本必须合情合理，这样才既能维护农产品生产者的利益，又能协调、处理好监管中存在的各种矛盾。桐庐示范区通过出台农户养蜂生产补贴、购买安全蜂药补贴、建立养蜂业风险救助基金、免费发放标识标签、免费提供技术培训等，既解决了企业解决不了的难题、消除了农户的后顾之忧，又打通了质量安全监管中的关键滞胀点，使得区域农产品质量安全监管工作得到有效、快速推进。

2. 构建垂直协作的农产品供应链，形成农产品质量安全内在控制机制

桐庐示范区的运作成功也体现了垂直协作的理论特征，即将蜂产品从原料生产到产品加工、出口形成紧密协作的体系。其核心是如何减少交易的机会主义行为，减少不确定性，实现产业链共赢。桐庐示范区运作模式所体现的垂直协作理论特征具体表现在以下四个方面。

（1）垂直协作形成利益共同体，需要农产品供应链各利益相关者均注重农产品的质量安全。无论是农户、企业还是与联合蜂场，他们之间签订购销合同或者达成某种共识，其实质是形成了以利益为联系的上下游之间紧密联结的共同体。对公司来说，为了获得质量一致的、稳定的农产品货源需要与生产者保持长期稳定的契约关系，必要时企业还可能牺牲自己的短期利益（孙艳华等，2009）；对农户来说，为了保证产品的销售和获得稳定的销售收入，农户有必要和公司进行长期合作。因此，保障产品质量安全是双方实现共赢和长久发展的基础。

（2）垂直协作有利于形成信任和知识共享，可更好地实现农产品质量安全控制。紧密的垂直协作使得产业链上的成员之间更容易建立信任关系，从而减少彼此间的戒备和敌对心理，并就各自掌握的信息和知识进行交流和共享（周杰，2011）。桐庐示范区加工出口企业通过建立养蜂基地，对所收购的原料提出一定的要求，直接或者通过联合蜂场间接传递给蜂农，并定期不定期地为蜂农提供一定的技术指导，使农民能够按照需求、要求进行生产，从而减少产品风险、降低检测成本，提高经营效率。因此，农产品供应链成员之间的信息交流和知识共享有利于成员共同提高，从而更好地实现整个供应链的质量安全控制。

（3）垂直协作的资产专用性，促使农产品供应链各利益相关者必须保证

质量安全。垂直协作的农产品供应链各利益主体自签订契约起，双方都进行了一定的专用性资产投入。如蜂产品企业投入基础设施建设、产品生产经营等物质费用以及人员组织管理成本费用等，蜂农则投入了蜂机具、技能培训以及人工成本等费用。如果一方发生投机行为而出现违约，则违约造成的惩罚远远大于其违约收益。例如，公司不按照契约收购蜂农符合质量要求的农产品，那么蜂农将不会与公司继续合作，公司将不能稳定获得优质货源；而如果蜂农不按公司要求生产合格蜂产品，那么公司则拒收蜂农的产品，使得蜂农的产品没有市场或者有市无价。

（4）垂直协作形成品牌共享，需要农产品供应链各利益主体共同维护质量安全。从公司的长期发展看，产品品牌的创立有利于提高公司产品的竞争力，而为了创品牌、图发展，一方面，企业会主动申请注册商标以及各种安全农产品认证，以树立自己产品及组织的形象；另一方面，公司为了增加消费者对产品的信任度，反过来会进一步增强对产品质量的把关，这正是公司加强内部控制产品质量的动力所在。桐庐蜂产品出口公司与基地蜂农以订单契约的方式进行合作，如蜂之语公司要求合格的蜂产品统一使用“蜂之语”品牌对外销售，企业在获得优质原料的同时，蜂农也获得与公司的长期合作与预期收入。

3. 建立民营官助的社会组织，充分发挥其不可替代的作用和功能

社会组织是当代西方发达国家农产品质量安全管理体系中不可缺少的重要组织基础，其旨在提高农民素质、规范公共秩序、倡导合作精神、增强社会责任等方面具有不可替代的优越性（戴敏，2007）。

桐庐示范区联合蜂场不是在相关部门注册成立的正式组织，但受到政府部门的高度重视和大力支持，担当了质量安全监管体系中重要的一环。一方面，其与政府的监督管理形成互促共进的局面，如帮助发放蜂药、传递政策信息、监管日常生产等；另一方面，帮助蜂农向政府反映生产经营中遇到的问题、表达蜂农各项诉求、帮助推销产品等。同时，联合蜂场还与企业形成友好协作，帮助企业寻求货源，其在整个质量安全监管体系中的角色十分活跃。联合蜂场场长一般由生产经营示范效应明显、经验丰富、在当地有威望的养蜂能人来担任，对当地蜂农有带动示范效应。另外当场长发现成员生产不合格时，还会制止、纠正，或者拒绝为其推介产品，在引导形成良好的产业发展氛围方面发挥了积极的作用。因此，联合蜂场作为官助民营的社会组织形态，在蜂产品质量安全监管体系中具有较强的互补管理功能和约束力。

四、桐庐示范区建设的政策启示与思考

（一）整合政府职能、构建高效的监管体系是做好农产品质量安全工作的首要任务

农产品质量安全管理涉及诸多环节，情况复杂，体系庞大，客观上需要进行统一的管理和组织。当前，各部门未能形成统一管理的局面，主要是没有一个明确的管理主体，部门职责不明、执行力不强。因此，应当加强领导、精心组织，改变农产品安全管理部门分割的局面。桐庐示范区建设，在领导机构上，由县人民政府出面、分管农业的副县长主抓，组建了工作领导小组；在具体运作上，明确了农业主管部门在质量安全建设中的主导作用，整合工商、药监、财政、公安等部门的力量，从而消除了职能交叉、政出多门，最终形成建立起权威性强、效率高的管理系统。

（二）整合产业链、实现垂直协作是农产品质量安全控制的必由之路

农产品质量安全控制涉及农产品生产、加工和销售的各个环节，然而我国农业发展过程中产业链前后环节关联度低、农产品附加值过低等问题仍比较突出。从桐庐示范区的运作来看，政府对生产基地以及产品质量监管制度的创新，将企业与蜂农推到“一条船”上，成为更加紧密的利益共同体，更加明确了共同的目标，从而形成垂直协作的产业链关系，在产业链前端控制农药等投入品、中端控制生产、后端控制贸易销售，既统筹兼顾产业链的各个环节，又重点突破产业链薄弱环节的瓶颈约束，极大地提高了产品的市场影响力、提升了产业效益。

（三）民营官助的社会组织是农产品质量安全管理体系的重要组成

桐庐示范区的运作模式表明，社会组织在农产品质量安全监管中发挥着不可估量的作用。联合蜂场上联政府，下联企业、蜂农，是政府与民众的积极联络者和中介人。而联合蜂场的核心则是本身养蜂管理经验丰富、技术示范效应好、民众中威信高的场长，为他们搭建创业创新的舞台具有重要的意义，可出台相应的激励政策，鼓励他们领导好、管理好自己的社团组织，重视并发挥他们在农产品质量监管中的协调、监督和“智囊”作用，使社会组

织与市场、政府之间形成互补、互动的关系。但在我国农产品质量安全管理体系完善过程中的创建阶段，社会组织的发展还离不开政府的扶持和资助，建立民营官助的组织形式，是比较可行的发展路线。

（四）重点突破、提供适宜的公共品是政府支持农产品质量安全管理的现实选择

桐庐示范区建设初步取得成功离不开政府的支持政策，最为关键的是政府能够抓薄弱环节进行重点突破，并能正确处理政府和市场的关系。比如建立蜂药配送中心、实施蜂药补贴款政策，从源头上杜绝投入品的安全性问题，免费发放原料标识标签提高产品质量的可追溯性，支持企业建立养蜂基地但不干预企业与农户的联结关系，支持企业建立外拓基地但尊重企业的自主经营权等。桐庐示范区的运作成功再一次表明：对区域农产品质量安全工作，政府必须深入细致至每一个重要环节，且要针对发展所必需的薄弱环节加以投资，才能从整体上推进农产品质量安全管理工作。

参考文献

戴敏 . 2007. 浅析社团组织发展的途径 . 党政干部论坛（10）.

郭晓鸣、任永昌、廖祖君 . 2009. 中新模式：现代农业发展的重要探索—基于四川浦江县猕猴桃产业发展的实证分析 . 中国农村经济（11）.

何李花 . 2008. 基于信息不对称理论的农产品质量安全问题分析 . 农经济管理村经济与科技（9）.

柯福艳、张社梅 . 2011. 中国家庭养蜂技术效率测量及其影响因素分析 . 农业技术经济（3）.

蓝少华、赵建航、李海金 . 2009. 创建蜂产品质量安全示范区保障桐庐县蜂产品质量安全——全国首个蜂产品质量安全示范区建设进展情况介绍 . 中国蜂业（5）.

孙艳华、刘湘晖 . 2009. 紧密垂直协作与农产品质量安全控制的机理分析. 科学决策（6）.

周杰 . 2011. 基于信任的农产品供应链质量安全控制机制研究 . 企业活力（5）.

朱立志 . 2004. 我国农产品质量安全管理体制的弊端和改革建议 . 中国绿色食品发展论坛会议论文 .

正外部性产业补贴政策模拟方案与效果预测①

——以养蜂车购置补贴为例

高 芸 赵芝俊②

(中国农科院农业经济与发展研究所)

内容摘要：对农业外部性的识别和评价是政府加大对“三农”支持力度，实施各项农业支持政策的基本依据。本文以蜂业补贴政策为例，基于外部性理论，利用国家蜂产业体系固定观察点调查数据，结合我国蜂业发展特点和国内外相关行业的支持政策，分析了蜂业补贴政策的突破口和支持框架，并对补贴政策的效果进行预测和分析。研究表明，开展养蜂车购置补贴是促进蜂业产业发展的突破口，可以有效应对运输、饲料、雇工成本持续上升，吸引年轻人加入养蜂行业，提高养蜂业的机械装备水平。同时实施养蜂车购置补贴也是目前最可行、最合理且经济的外部性内在化手段。

关键词：外部性；养蜂车购置补贴；评价

The Design and Effect Prediction of Subsidy Policy on Positive-externality Industry

——Take Subsidies for Mobile Bee-keeper Purchase for Example

Abstract: To identity and make evaluation on agricultural externality is the

① 本文由国家蜂产业技术体系建设专项经费（编号：CARS-45-KXJ20）资助。

② 通讯作者

fundamental justification to increase supportive strength on "famers, rural areas, and agricultural" and implement agricultural subsidies. The paper took subsidies for bee industry for example to analyze breakthrough and policy framework of subsidy policy and carried out an evaluation of subsidies adopted data of fixed observation point of national bee industry program. The research also considered characteristic of China bee-keeping industry and referenced of experience of foreign countries. It showed that to implement subsidies for mobile bee-keeper purchase is breakthrough which will effectively deal with continuously increasing of transportation, feed and labor and play an important role in abstracting more young people joining in bee-keeping and upgrading Machinery and equipment. It is the most feasible, appropriate and economic intervene measurement to internalize the externality of bee industry based on current situation of China.

Keywords: Externality, subsidies for mobile bee-keeper purchase, evaluation

一、引言

随着现代产业分工细化，产业链延长和完善，各个产业间的协同效应和相互关联、相互依赖的程度越来越深，促进了产业集聚、整合与增值，同时也带来了众多外部不经济问题的涌现。外部性理论研究已成为现代经济学研究的一个新热点。然而在各国积极探索实现外部性内部化的具体途径的同时，许多学者已经认识到在正交易成本的现实中，谈判成本高、参与者众多、收益不可分割及度量等原因，使得内部化一切“外部性”的企图是不理性的（Joseph E. Stiglitz，1997）。由于某些外部性具有不可分特征（O. A. Davis，A. Whinstion. 1962；Kalz M. L.，1985），外部性往往只能在它们产生后才能认识到它们。因此，在事前科学准确界定一些重要的外部性相关各方的责任和权利似乎不太可能，正外部性产业只能成为“无偿的生产要素”（Meade，1964）。而政府作为有效率的公共产权组织，有义务对正外部性生产者采取补偿性激励，但这种激励必须是有效率的，而不是全额补贴（North，1973）。因此，外部性内部化理性选择的前提，不仅要对内部化外部性本身进行成本收益分析，还要对双方经济体支付外部性成本的能力和方式进行评估，才能实现公平和效率。

蜂业是典型的正外部性产业。蜂群的生存环境和产业发展不仅是国家元首关注的焦点，也是国际磋商的热点问题[①]。为了激励蜂业生产，美国、德国、加拿大、墨西哥和阿根廷开展了提供优惠贷款、蜜蜂良种补贴、生产补贴等“绿箱”政策的支持，也通过增加蜂产业科研和科技推广、产品质量检测和检验、病虫害防治、蜂药研制等公益性服务的支出，保护蜜源植物和生态环境的可持续发展。实践证明，蜂业补贴政策可以激励外部性供给，对促进蜜蜂授粉技术的推广，增强农业生产能力和保持生态环境的可持续发展具有重要的现实意义。近年，我国出台蜂业补贴和支持政策的呼吁越来越多[②]。国外补贴政策是否可以借鉴？怎样才能达到促进产业发展和升级的目的？补贴的主体、目标、模式是什么？补贴的效果又如何？本文将以蜂业补贴政策为例，基于外部性理论，利用国家蜂产业体系固定观察点调查数据，结合我国蜂业发展特点和相关行业的支持政策，分析蜂业补贴政策的突破口和支持框架，并对补贴政策的效果进行预测和分析，为政府决策提供参考。

二、国外解决蜂业外部性的做法及借鉴

外部性理论的研究非常丰富，虽然学术界仍对“外部性”概念争论不休(庇古，科斯，张五常，杨小凯)，但外部效应的评价标准——“边际私人净产值与边际社会净产值的背离”或“产生社会成本或收益”，外部效应带来的后果——非帕累托配置，以及仅依靠自由竞争是不可能将外部性内在化等焦点问题已经得到了广泛认同。根据以上理论，对蜂业这一典型外部性产业开展干预，已无需探讨。本文的研究重点是评估政府作为公共产权组织开展干预经济的政策效率，即应采取什么方式开展对外部性产业的补偿是最经济和最有效的。根据庇古和科斯的外部性内在化途径分类：一类是私人解决办法，另一类是政府补贴。对于蜂业来说，如果要用私人办法解决外部性，就要形成一个蜜蜂授粉市场，通过蜜蜂授粉价格反映蜂业外部性收益；若采用政府补贴的方式解决，就要测算蜂业外部性的边际成本或收益，并据此制定最优的补贴价格和补贴政策。

目前，私人解决办法最典型的案例是美国西海岸[③]已经形成了运行良好的

① 2013年5月上旬，俄罗斯联邦普京总统与美国国务卿约翰·克里会面，普京对奥巴马政权通过包括为转基因种子提供保护条例的农业拨款法案表示“极端愤怒”，因为世界主要转基因农药生产商孟山都、先正达等公司生产的新烟碱类杀虫剂会导致蜜蜂种群被摧毁，粮食生产能力会随之破坏。克里姆林宫还警告：“蜜蜂灭亡会引发世界大战”。

② 在北京、海南、江西等部分省市已经开展了试点。

③ 美国授粉市场主要在西海岸加利福尼亚和佛罗里达州，其他地区并没有成规模、商业化运行的授粉服务市场。

授粉服务市场，由果农承担蜜蜂授粉服务的费用。授粉市场形成主要有以下原因：美国西海岸气候干燥，不利于大规模蜂群生活，必须租用来自俄勒冈州、华盛顿州等地的蜂群来授粉；该地区以种植杏、樱桃、李子、向日葵、苹果为主，种植方式为大规模连片种植；这些作物花期短，人工授粉成本高。近年，美国西海岸授粉市场价格快速攀升（表1），迫使规模较大的果农开始自己饲养蜜蜂进行授粉。

表1　美国西海岸授粉服务费用变化情况

（单位：美元/蜂群）

年份	杏	李子	樱桃（早熟品种）
2005	72	73	73
2006	138	89	124
2007	142	118	130
2008	149	—	86
2009	156	140	162

资料来源：Antoine Champetier，2010

此外，美国也同时实施蜂蜜价格支持政策补偿蜂业外部性。从1950年至今开始按蜂蜜价格的60%~90%实行抵押贷款，期间蜂蜜价格支持政策对贷款率、收购等级、贷款政策限额等进行了细化和调整。该政策为了鼓励蜂农扩大养殖规模，保障收益，支持价格高于国内均价和国际价格。因此，只要蜂蜜市场价格下滑，美国政府财政就要负担少则几百万美元多则上亿美元的支出。原蜜加工的下游企业则由于国内蜂蜜价格高而使用便宜的进口蜂蜜。蜂蜜价格支持政策使得政府成为被扭曲的产销市场最终接棒者。援助贷款曾在1988年高达1亿美元，抵押蜂蜜总量接近美国总产量的98%（孙翠清，2012）。蜂蜜价格支持政策刺激了蜂农生产蜂蜜的积极性，大量蜂农到流蜜量最高的蜜源植物较多的地区放蜂，而这些地区并不是最需要蜜蜂授粉的农作物大面积种植区域（GAO，1985①）。因此，即便美国西海岸已经形成了授粉服务市场，但由于蜂蜜价格补贴政策偏离了原有设计目标，美国蜂群数量从1986年的325万群持续下降到2009年的205万群（Antoine Champetier，2010）。美国对蜂业外部性内在化的政策干预不仅成本较高，而且没有起到促进鼓励蜂业发展保证农作物授粉的作用。

① ‘Federal Price Support for Honey Should be Phased Out’ by the Comptroller Gernal Report to The Congress of The United States.

三、对蜂业进行补贴的理由及切入点探讨

1. 对蜂业补贴的理由

根据外部性理论与国外政策实践的经验，外部性内在化的关键在于政府干预的作用点，以及市场化程度和产权界定。要鼓励蜜蜂授粉外部性供给，政府支持政策就要着力干预授粉服务市场、交易费用和成本以及授粉服务的可获得性等问题。那么是否在解决了建立授粉市场、确定了合理的交易费用，有足够可获得的授粉服务就可以由市场自行解决蜂业外部性内在化的问题呢？由于大田环境下的授粉服务具有非排他性，蜂农无法控制蜜蜂的飞行范围，而出现相邻种植农户"搭便车"现象。以苹果授粉为例，每4亩（1亩≈667米^2）果园需1群蜂，若在种植密度4米乘6米的80亩面积果园内放置20箱蜜蜂，仅有4%的蜜蜂在80亩果园内飞行，其余在以放置蜂箱直径范围3~6倍的范围内活动①，果农96%的租赁成本成为周边农作物的"公共产品"成本。因此，在规模化、专业化种植日益发展，单一作物连片大面积种植的发展趋势下，只能由政府或公共组织对提供授粉服务的蜂农进行补贴或开展成本均摊，让受益者承担蜜蜂授粉的外部性成本，蜜蜂授粉才能推广应用。根据测算，2008年蜂产业授粉外部性经济效益对我国农业生产总值影响率为8.66%，按照2008年农业生产总值为28 044亿元，授粉经济价值为2 548.9亿元，是内部收益的32倍（孙翠清等，2011）。蜂业已成为促进我国农业发展的关键环节。

其次，蜂农既是授粉服务的供给者，也是蜂产品这类私人产品的生产者，补贴政策要避免干预蜂产品产销市场，防止出现类似美国蜂农调整生产重点，谋求生产出更多的蜂产品以获得补贴的情况。在特定情况下，蜂农提供授粉服务并不都是与蜂产品生产同时发生。所以政府干预政策应重点补贴那些油菜、向日葵、苹果、柑橘等大宗蜜源生产者，才能确保被补贴者为农产品生产提供了授粉服务。最后，蜂业补贴政策要考虑到我国财政支付能力，根据蜂业的生产特点，不能实行一刀切的补贴方式。

2. 选择养蜂车购置补贴作为蜂业补贴切入点

本文认为实施养蜂车购置补贴是目前最可行、最合理且经济的干预手段。主要有如下几方面原因：一是养蜂车需求者是我国的"大转地"蜂农，他们户均养殖规模为182群，总量约10万户，是我国蜂产品生产的主力军，饲养

① 根据邵有全教授2012年4月在喀什巴旦木授粉现场会演讲材料整理。

了我国50%的西蜂蜂群，生产蜂蜜占总产量的65%~70%①，蜂蜜产品以油菜、向日葵、苹果、柑橘等农产品蜜源为主。实施养蜂车购置补贴必然刺激大转地蜂农购车。补贴将覆盖50%的西蜂蜂群，提供更多授粉服务。二是实施补贴必定促进养蜂车推广使用，进而改善蜂农生产生活条件，提高养蜂生产收益，吸引年轻人从事养蜂业。养蜂车不仅是运输蜜蜂的交通工具，也是蜂农临时的“家”，养蜂车集生产和生活功能为一体，为蜂农配置了现代化的野外生活设施。三是将运输和部分雇工成本内部化，缓解雇工难问题。蜂农自有养蜂车，可以自行安排转场时间、转场频次和运输目的地。养蜂车配备滑动工作平台、电动升降装置，节约了人力和雇工成本，有效缓解雇工难、找车难的问题，也极大减轻了上下搬运蜂箱的劳动强度，无形中也延长了蜂农的工作寿命。四是推广养蜂车可以提高养蜂业的机械装备水平，推动蜂业产业转型升级。养蜂车将生产操作的辅助工具配置在车内，提高了摇蜜、取浆、蜂箱和蜜桶装卸、蜜蜂运输等操作环节的机械化程度（表2）。同时，以养蜂车辅助设备作为技术支持载体，提高蜂产品质量，推动产品溯源。以养蜂车辅助设备如GPS、卫星接收器等作为产品溯源的技术支持载体，对养蜂车的生产标准、蜜源信息等环节进行信息化管理，建立产品溯源体系，提高蜂产品质量，达到带动产业升级之目的（图1）。

表2　在售养蜂车特点及参数　　　　（单位：吨、个）

车型	发动机	载重	可载蜂箱数	主要装置及可选配装置
A款养蜂专用车	玉柴4108增压	9.63	80~160	遮阳网、生活间、储存箱、滑动工作平台、电动提升装置、卫星天线、烘干机、电动摇蜜机、电动取浆器、充电机、紫外线消毒灯、GPS导航、附加蓄电池组、太阳能发电板（0.2千瓦）、淋水装置、2千瓦发电机
B款养蜂专用车	玉柴108匹	—	200~220	太阳能发电系统、车载导航、独立免维护蓄电池、电动升降工作平台、卫星电视接收器、电动吊装设备、吊柜、卫生间、一键自动全车紧固蜂箱系统、储蜜罐，倒车雷达

① 2011年蜂产业体系经济岗课题组全国固定观察点问卷调查西蜂蜂群数量为70 958群，其中占总调查户29%的大转地蜂农饲养了48.5%的被调查西蜂蜂群，生产了68.2%的蜂蜜，74.4%的花粉和64.9%的蜂王浆。

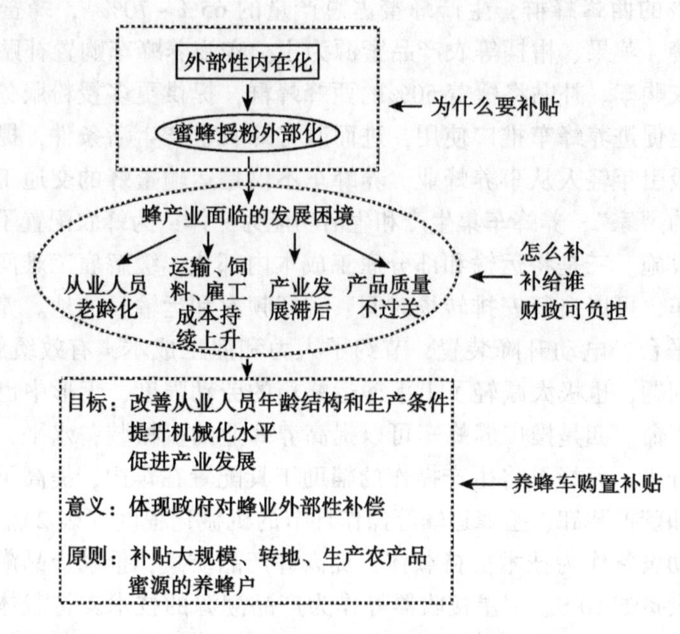

图 1　养蜂车购置补贴理由示意

四、养蜂车补贴效果预评价

1. 评价方法和原理

本文将基于成本收益法对养蜂车购置补贴政策效果进行预评价，预评价基于如下假设：(1) 蜂产品为兼具保健和食品功能的农产品，我国蜂蜜产品人均消费量逐年递增，蜂蜜供给长期偏紧，产量增加不会引起价格下跌；(2) 养蜂车购置补贴会刺激蜂农购买养蜂车，扩大饲养规模，但仍在我国蜜源植物承载范围内①。由于养蜂车一次性购置，本文采用净现值法进行计算。补贴政策社会收益（Y）包括除去补贴成本 C_s 后的所产生的蜂产业内部收益 BI（X）和外部性收益 E（X），即：$Y=BI(X)+E(X)-C_s$

养蜂车购置补贴在蜂产业内部的收益可以表示为新增蜂群的生产收益和原有蜂群生产成本增效之和。$BI(X) = (\Delta N_{bee} \times I_{after}) + (N_{bee} \times I_{increase})$②

考虑到购置补贴按年度发放，本文使用年度 CPI 指数进行平减并按照 8%

① 2009 年全国蜂群数量达到 820 万群，我国现有的蜜源植物也完全能够承载 1 000万群以上的蜜蜂（全国养蜂业“十二五”发展规划，2011 年 1 月 4 日农业部印发）。

② 本式前半部分为蜂群增加收益，后半部分为新增蜂群收益。

的折现率计算收益现值，计算补贴成本和收益的贴现值，则蜂产业内部收益可以表示为：

$$BI(X) = \sum_{t=1}^{T} (\Delta Q_{orginat} + Q_{new}) \times (\frac{P_{t-1}}{CPI_{t-1}} - Q_{new} \times C_{bee})$$

2. 养蜂收益测算

目前蜂农已投入使用的养蜂车主要有两种类型：第一类是改装养蜂车，这类车辆多为蜂农根据其蜂群数量和养殖习惯自行改造。多数蜂农为了节约购车成本，购买二手卡车（货车），在其后部焊接框架码放蜂箱，并安装太阳能板作为发电电源，车辆改装成本为 2 万至 3 万元。若蜂农购买的是营运货车，还需将货车挂靠在运输公司下①，才能上路行驶。第二类是购买专用养蜂车整车。这种养蜂车在性能和功能上都要优于改装车辆，适合蜜蜂长途运输。根据目前养蜂车定价及二手载货汽车购置费用及改装成本，载运 80~150 箱蜂的专用养蜂车成本为 12 万~16 万元，载运 150~200 箱蜂的专用养蜂车成本为 22 万~26 万元。

2012 年 6 月，国家现代蜂产业技术体系经济岗课题组开展了养蜂车使用情况调查，主要了解蜂农基本信息、养殖规模、车辆购置费用、放蜂路线及成本收益变动等情况，共回收 8 份问卷。其中购置整车和购买载货汽车自行改装蜂农各 4 名，最低购置费用为 11 万元，最高购置费用为 16 万元。所有使用养蜂车的蜂农放蜂路线与往年相比都有所改变，平均多赶了 3 个蜜源，产量增加比例为 20%~30%，运输费约节省 60%。根据养蜂车调查问卷并参考 2011 年全国固定观察点数据，我们分别以购置成本为 16 万元、28 万元，车载 120 箱、200 箱作为计算样本，对养蜂车的成本收益进行计算，测算出养蜂车投资回收期（表 3）。

表 3　养蜂车使用成本收益情况

蜂箱数	产量增加20%毛收入	产量增加30%毛收入	运输成本（按节省50%计算）	饲料成本	其他成本	纯利润	每年增收
120	151 272 元	163 878 元	6 918 元	19 296 元	9 936 元	115 122~127 728 元	32 136~44 736 元
200	252 120 元	273 130 元	11 530 元	32 160 元	16 560 元	191 870~212 880 元	53 560~74 560 元

根据 2011 年固定观察点数据统计结果，转地蜂农每蜂箱的平均毛收入为

① 需向运输公司交纳管理费，每年 800~1 500 元不等。

1050.5元，每箱蜂运输成本为115.3元，饲料成本为160.8元，其他成本（包括蜂机具、蜂药、雇工、蜂种、检疫等费用）82.8元。笔者分别以增产20%和增产30%进行估算，使用养蜂车后蜂箱数量为120箱和200箱养殖户每箱蜂纯收入可达959.4至1 064.4元。以2011年固定观察点转地蜂农每箱蜂纯收入为691.6元作为参照，每箱蜂比原平均收入增加38.7%~54%。120箱和200箱养殖户每年可增收3万~4万元、5万~7万元不等，因此按照养蜂车购置成本为16万元、28万元估算，蜂农购车后5年可收回成本。由于测算依据为产量增加20%~30%，运输成本节省50%，而且本文并没有将节省的雇工成本计算在内，加之蜂农自有养蜂车大都选择在夜间转场，减少了蜜蜂飞逃损失，因此粗略估计蜂农在4年内可以收回购车成本。

3. 补贴模拟方案及成本估算

鉴于许多国家将养蜂业辅助设备包括取蜜器、摇蜜机、蜂箱、运蜂车、储蜜货车等作为农业专用机械进行管理和推广，拟将养蜂车补贴纳入农业机械补贴。我国农机补贴自2005年实施以来，已形成了一套科学、规范、可行的补贴实施细则，归口管理部门运行顺畅，将养蜂车纳入我国农机补贴中不需另行报批、制定管理程序。养蜂车购买可免除购置税，并按每辆养蜂车补贴30%的标准执行。考虑到目前我国各地区的养蜂规模和习惯，把四川、浙江、湖北、江西、河南等10个省作为重点发展地区，重点推广大型养蜂车使用，其他省份则以小型养蜂车推广为主。根据平均年购车量增幅20%，预计8~10年后达到保有量。每年平均全国支出养蜂车补贴1.4亿元，5年共7.2亿元。养蜂车属于专用载货车，车辆管理同其他载货车管理相同，车主需缴纳交强险、购置税（通常为车款的10%）、车船税，一般在车辆牌照所在地进行年审①。

表4　养蜂车推广五年规划

地区	大型养蜂车3年目标②	小型养蜂车3年目标③	大型养蜂车5年目标	小型养蜂车5年目标	省年均补贴金额	省总补贴金额
重点省份	182辆	37辆	371辆	77辆	697.2万元	3486万元
其他省份	37辆	109辆	77辆	219辆	339.6万元	1698万元

① 载货汽车和大型、中型非营运载客汽车10年以内每年检验1次；超过10年的，每6个月检验1次。本市注册登记的机动车因故不能在本市检验的，机动车所有人应当申请委托核发检验合格标志。

② 大型养蜂车购置费为28万元。

③ 小型养蜂车购置费为16万元。

4. 预评价结果

根据养蜂平均收益和补贴成本，经估算得出如下结论：若按照年增产20%计算，养蜂车购置补贴在蜂产业内部收益为8.4亿元，授粉外部性收益为96.6亿元；若年增产30%，内部收益为11.5亿元，授粉外部性收益为132.8亿元。即在增产20%的情况下，补贴支出与产业内部收益和授粉外部性收益的回报比例为1∶6∶69，该项补贴经济、可行（表5）。

表5　养蜂车购置补贴效果预评价

增产比例	产业内部收益	授粉外部性收益	补贴回报
20%	8.4亿元	96.6亿元	1∶6∶69
30%	11.5亿元	132.8亿元	1∶8∶95

五、养蜂车购置补贴相关讨论

养蜂车补贴政策着力点在转地大规模饲养蜂农，因此，对产业产值提高效果明显。按照年产量提高30%的增长速度计算，年产值增长率约20%。补贴政策实施3年后，养蜂车使用量将达到6 000辆；5年后，养蜂车使用量将达到12 000辆。以养蜂车为平台的生产辅助设备的升级改造进度也将大大加快。养蜂车补贴可以有效激发蜂农购买养蜂车积极性，蜂农可以“开着房车去放蜂”，转地放蜂生活条件明显改善，吸引更多年轻人从事养蜂业，成为蜂业产业化技术更新改造的人力源泉。以养蜂车辅助设备如GPS、卫星接收器等作为产品溯源的技术支持载体，对养蜂车的生产标准、蜜源信息等环节进行信息化管理，建立产品溯源体系，提高蜂产品质量。

目前养蜂车生产以订单式生产为主，由蜂业专家、蜂产品企业和蜂农与汽车生产厂家就车辆成本、功能、发动机和零部件等事项达成一致后开始生产。养蜂车市场处于刚刚起步阶段，市场潜力广阔，我国主管部门要尽快出台养蜂车生产标准，严控质量安全，避免制造企业一哄而上，避免企业为控制成本而降低车辆质量的恶意竞争情况出现。养蜂人终年奔波在外，车辆保养、年审和年检等手续都无法在购买地办理。养蜂车制造企业对此类专用车辆可提供更换机油及其他零部件的上门服务。政府部门要完善异地年审制度，加强对过路费收费站工作人员培训，严格按照农产品“绿色通道”政策实施。养蜂车不仅是蜂农的生产生活设施，也是专用运输车辆。专用运输车辆、农用车等因违反安全驾驶条例而发生的事故屡见不鲜，政府部门和蜂业协会要向蜂农大力宣传《机动车驾驶证管理条例》，警示广大蜂农驾驶员不要超载超限运输，杜绝疲劳驾驶、抵制“带病”车辆上道行驶。由于蜜蜂运输属于活体动物运输，在运输途中因天气等因素会造成养蜂车在短时间内重量大幅增加，因此蜂农要注意运输载量，随时调整蜜蜂和蜂产品载运比例。

参考文献

孙翠清，赵芝俊，刘剑．2010. 我国蜜蜂授粉经济价值测算［J］. 农业经济与科技发展研究：177-187.

Antoine Champetier. The Dynamics of Pollination Markets. 2010. University of California，Davis，Agricultural Issues Center.

Douglass. C. North and Robert. P. Thomas. 1973. The Rise of the West World：A New Economic History，Cambridge University Press.

Joseph E. Stiglitz. 1997. 经济学［M］. 北京：中国人民大学出版社．

Kalz M. L.，C. Shapiro. 1985. Network Externalities，Competition and Compatibility［J］. American Economic Review，75：424-440.

O. A. Davis and A. Whinstion，1962. Externalities，Welfareand the Theory of Damages［J］. Journal of Political Economy，Vol. 24，65（June 1962）.

制约养蜂车推广的原因分析和解决途径①

高　芸　赵芝俊②

摘　要：自2013年养蜂车首次被列入农机补贴名录以来，许多养蜂大省都实施了补贴和贷款政策，但并没有出现养蜂车快速普及的预想状况。对于这一利好政策为什么没有实现预期目标，确实是一个亟待解答并着力解决的现实问题。综合国家蜂产业技术体系蜂产业经济课题组固定观察点数据、养蜂车使用案例调研数据开展分析。分析结果表明：按照当前的生产规模和生产模式，蜂农购买养蜂车面临诸如经济、劳动强度、饲养管理等多方面的两难选择。在售养蜂车与我国蜂业生产特点不匹配。建议转地养蜂设备设计更加针对省时、省力目标，重点开发饲喂、上础、取蜜、取浆、脱蜂环节的养蜂机具和车载设备研发，提高蜂农的养殖规模和收益。

关键词：养蜂车 蜂业机械化

Abstract: Mobile beekeeper was included in theagricultural machinery subsidy since the year of 2013. Main apiculture provinces launched implementation details for subsidies and loan. However, the rapid popularization of mobile beekeepers did not appear as it was expected. Why does policy do not achieve the expected goal? It's the problem need to be answered and solved. This paper used data of fixed observed spots of national bee industry program and case study of mobile beekeeper users to make a-nalysis. The research showed that beekeeper is facing a dilemma of purchase in terms of economic efficiency, labor intensity and bee colony management etc. Mobile bee-keeper available for sale does not match with the characteristics of China apicul-ture. The design of mobile beekeeper should target at time and labor saving. It should focus on research and development of beekeeping equipment and vehicle equipment

---

①　项目资助：农业部国家蜂产业体系 CARS-44-KXJ18，中国农业科学院科技创新工程 ASTIP-IAED-2018-01

②　赵芝俊为本文通讯作者。

for feeding, comb check, honey extraction, royal jelly extraction, and bee clearance from comb, so as to raise the scale and profit of beekeeping.

Keywords: Mobile beekeeper, apiculture mechanization

一、引言

笔者于2014年在《农业经济问题》第4期发表了“正外部性产业补贴政策模拟方案与效果预测——以养蜂车购置补贴为例”一文。该文根据经济学外部性理论，明确提出政府应针对蜂业授粉及其生态外部性开展政策干预。文章综合分析了我国养蜂业发展的特点、国内外相关行业的支持政策以及农业生产特点，探讨了通过对养蜂业实施补贴，实现外部性内在化的理由。研究基于如下假设：蜂产品供给长期偏紧，产量增加不会引起价格下跌，养蜂车购置补贴会刺激蜂农购买养蜂车。以2011年蜂产业技术体系蜂业经济课题组（以下简称“蜂产业经济课题组”）固定观察点转地蜂农每箱蜂纯收入为691.6元作为参照，并结合相关蜂农的针对性调研，假设使用两种不同型号的养蜂车后每箱蜂平均增收38.7%~54%不等。120箱和200箱规模的养殖户每年可增收3万~4万元、5万~7万元不等，因此按照养蜂车购置成本为16万~28万元估算，蜂农购车后5年可收回成本。该文还根据蜂产业经济课题组授粉经济价值是蜂产品收益的32倍的测算结论（孙翠清等，2011），对实施养蜂车补贴政策进行了预评价。研究结论认为，养蜂车为蜂农带来增产20%的情况下，按每辆养蜂车补贴30%的标准执行，补贴支出与产业内部收益和授粉外部性收益的回报比例为1：8.8：101.4，养蜂车补贴经济、可行。

在各界的呼吁下，养蜂车于2013年首次被列入农机补贴名录，许多蜂业大省实施了补贴和贷款政策，但现实情况是养蜂车并没有出现预想的销售高峰。对于这一利好政策为什么没有实现预期目标确实是一个亟待解答并着力解决的现实而紧迫的问题。因此，笔者再次对养蜂车扶持政策进行调研分析，发现了其中的关键制约因素，并提出了加速养蜂机械化的实现途径。

二、为什么要提出实施养蜂车补贴？

1. 基于其他国家蜂业发展经验

就养蜂业的规模、产值和从业人数来看，其在农业中的地位并不算重要。但其为农作物授粉的经济价值和生态价值对社会经济和生态的可持续发展具有举足轻重的作用。在我国，除设施农业种植的草莓、蓝莓及少数十字花科作物已形成授粉服务市场关系以外，其他作物因相邻种植农户“搭便车”现象的存在，加上农户普遍缺乏对蜜蜂授粉作用的认识，和农村中没有蜜蜂有偿授粉经纪人等原因，农户需要花费蜜蜂授粉的数倍成本（如梨树授粉为10~15倍）来进行人工授粉（孙翠清，2016）。在美国西海岸[①]、加拿大不列颠哥伦比亚地区、澳大利亚等国，因当地自然蜂群数量小，不能满足大规模连片种植单一作物授粉需要，且这些作物花期短，人工授粉成本高，形成了运行良好的授粉市场。但在近10年，由于蜂螨病流行、农作物杀虫剂使用和蜂群衰竭失调[②]造成蜂群损失严重，授粉价格直线上升（图1）。

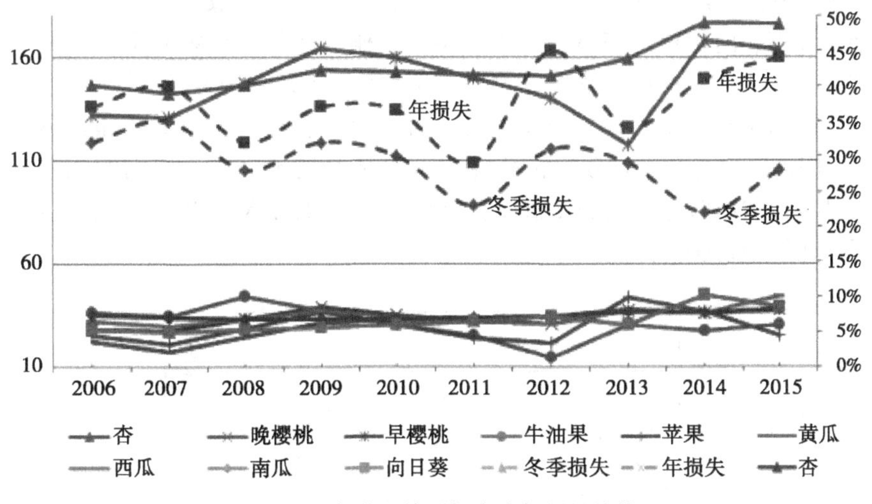

图1　近年美国蜂群损失率与授粉价格

许多研究表明，大规模、转地生产方式（Antoine Champetier，2010；Schmickl，T；K. Crailsheim，2007），正是与短花期作物的完美匹配。服务转地蜂农的各类技术和政策支持，包括组织建立授粉中介服务，禁止在作物花期及蜜蜂授粉期使用高毒农药，研发适合蜜蜂转地的运输工具，都可以有效提高授粉蜂群的供给数量和质量，形成价格合理、供给充足的授粉服务市场。因此，提出养蜂车补贴的建议，是基于激励蜂农进行转地设备升级改造，刺激相关厂家进行养蜂专用车辆研发的角度提出的，以期达到降低转地成本和为农作物提供授粉服务的双重目标。

① 美国授粉市场主要在西海岸加利福尼亚和佛罗里达州，其他地区并没有成规模、商业化运行的授粉服务市场。

② CCD全称为Colony Collapse Disorder

2. 促进授粉服务供给而非补贴蜂产品

根据外部性理论与国外政策实践的经验，蜂农既是授粉服务的供给者，也是蜂产品这类私人产品的生产者，补贴政策要避免干预蜂产品产销市场。在许多情况下，蜂农提供授粉服务与蜂产品生产是同时发生，因此支持授粉服务的政策作用目标必须精准。以美国为例，政府实施蜂蜜销售援助贷款或贷款差额支付政策，目的是鼓励蜂农扩大养殖规模，但其实际效果却导致了蜂农为了追求蜂产品产量而更倾向于追逐流蜜更多的蜜源植物，而没有更多地满足作物授粉需求。其结果是昂贵的政策支持成本没有换来蜂群数量的增加和授粉服务的改善。

根据蜂产业经济课题组固定观察点数据，我国大多数转地蜂农生产的都是诸如油菜、向日葵、南瓜、苹果、枣、柑橘、茶花等与农业生产相关的大宗蜜源产品，他们户均养殖规模约为 176.7 群，既是我国专业蜂农的主力军，也是蜂产品生产的主力军。粗略估计，转地蜂农生产蜂蜜占总产量的 65%～70%。因此，养蜂车补贴政策的作用目标群体是转地蜂农，他们的饲养蜂群规模是定地和小转地蜂农的 2 倍以上（图 2）。养蜂车补贴政策可以直接作用于提供作物授粉服务的主力军。

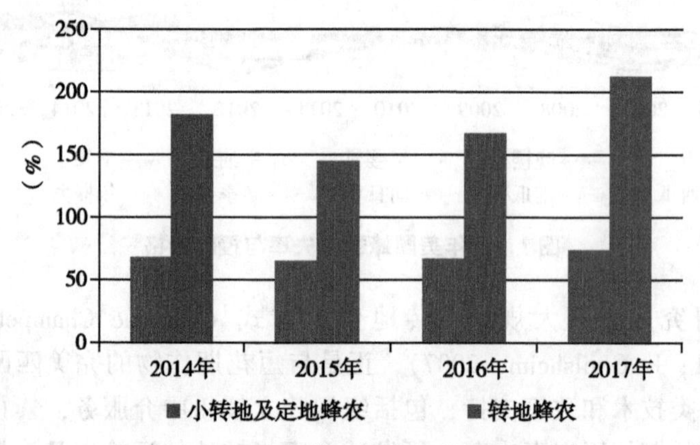

图 2　不同生产模式蜂农饲养规模比较

3. 应对养蜂人老龄化

我国养蜂人老龄化问题非常严重。根据蜂产业经济课题组对蜂农固定观察点调查问卷的分析结果，我国蜂农的平均年龄为 49 岁，最年长者为 75 岁，30 岁以下的蜂农还不到 5%，60 岁以上的蜂农占总数的 43%。相对而言，由于跨省转地养蜂常年在外“追花夺蜜”，异常辛苦，对年龄和体力的要求高于定地饲养和小转地饲养。跨省转地的蜂农平均年龄明显低于省内转地和定地生产的蜂农，30 岁以下的蜂农达到了 8%，平均年龄为 41 岁。

目前，各地区实施了多种蜂业扶持政策，如蜂产品风险补贴、精准扶贫产业支持、蜂机具补贴等以支持养蜂业发展，但因养蜂业劳动强度大，转地蜂农要随蜜源的季节迁徙生产，生活条件差，对专业技术要求高，制约了更多新血液的加入，老龄化状况并没有改观。实施养蜂车补贴政策，可以降低蜂农的劳动强度，改善蜂农野外生活条件，提高蜂农野外生存质量，吸引更多的年轻人加入养蜂业。

4. 为标准化生产提供设备载体

蜂产品是一种特色农产品，是国内外消费者都非常喜爱的营养保健食品。我国是蜂产品生产、出口和消费大国，但蜂产品药物残留和掺假问题一直没有解决。导致中国蜂蜜出口价格与世界出口均价，以及与墨西哥、巴西、阿根廷等世界主要出口国的出口价格间存在较大差距，中国出口蜂蜜仍处于相对稳定的低质低价状态（图 3）。行业内对中国蜂蜜的价值回归的呼声越来越高，蜂蜜低价不仅不利于养蜂业的发展，也不利于我国蜂蜜在国际市场上品质、品牌竞争。

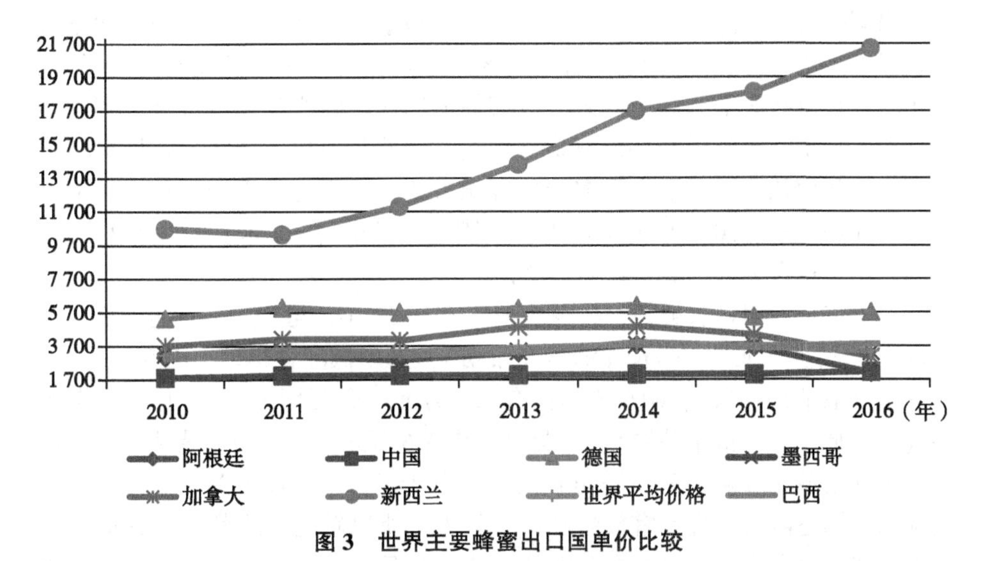

图 3 世界主要蜂蜜出口国单价比较

而国际蜂蜜厂商都在集中抢占我国中高端市场。在蜂产业经济课题组开展的另一项蜂蜜价格调查中，在北京、杭州等一线城市的高档商场里，从德国、加拿大、澳大利亚、新西兰和美国等国家进口的小包装蜂蜜成品，其价格一般是我国同类蜂蜜的 5~7 倍。因此，构建生产流通全过程在内的有效质量控制、监管和溯源机制迫在眉睫。按照国际惯例和市场需要，在生产过程中建立档案记录和质量安全追溯体系，将蜂农姓名、产品名称、波美度、产地、重量、生产日期等内容记录下来，开展蜂业标准化生产。并对从原料采购、生产加工、产品检验、销售管理等各环节进行全方位监管。养蜂车应该作为可以装配各种车载设施，开展标准化生产有效且可行的载体。

三、养蜂车使用案例

案例一：山东蜂农林某，46 岁，从事养蜂 30 年，与其妻子一起养蜂。在 2014 年购买了五征牌 6.8 米长养蜂车（不带房）。选用低配置车型，购车成本约 8 万元（包括附加费），交强险费用为 3 600元/年，不需要营运证和二级维护，可享受国家规定的机动车全部保养权益、保修期及保修项目。该车额定装载 112 个蜂箱，实际装载 150 箱。年行驶里程约 1 万千米，平均成本为 1 元/千米，较雇车成本节约了 2/3 的运费，粗略计算年节约运费 4 万~5 万元。目前觉得养蜂车使用确实方便，可以做到转地不求人，但唯一感觉有缺憾的是蜂箱装卸的机械化问题还未解决。

案例二：四川蜂农王某，40 岁，从事养蜂 20 年，与其妻子一起养蜂。在 2009 年购买了东风牌 9.6 米长二手货车，经改装可装运蜜蜂 220 箱，购车及改装成本共 12 万元。年行驶里程约 0.8 万千米，每千米行驶成本为 1.3 元。采用将蜂箱放在车上饲养的方式，有偏蜂的问题。因改装车不符合国家车辆管理相关规定，年审时需要恢复货车原貌，因此只使用了 2 年，就将车转手卖了。王师傅认为，可以采用多箱体养殖方式，不用将蜂箱卸下车，车上养殖模式还需摸索。2016 年他又购买了一辆东风货车（4.2 米长）用来小转地养蜂。由于现在饲养中蜂 120 群，没有对货车进行改装。

案例三：四川蜂农吴某，45 岁，从事养蜂 28 年，与其妻子一起养蜂。在 2012 年购买了五征 6.8 米长养蜂车（带房），选用低配置车型。因获得 10 万元补贴（农业部项目），购车成本仅有 2.9 万元（包括附加费），加上后期改装（换轮胎、刹车淋水装置）、购置费共花费 6 万元。该车额定装载 112 个蜂箱，实际装载 150 箱。年行驶里程约 1.2 万千米，平均成本为 1.2 元/千米。因蜂箱装卸还需人力且不宜放置在车上饲养，所以转地路线都是与其他几个蜂农搭伴互助完成。使用养蜂车比以往可以多赶 1~2 个蜜源，但是长时间夜间行车，觉得身体吃不消（表 1）。

表1　转地放蜂路线

蜂农林某：年里程约1万千米		蜂农王某：年里程约0.8万千米		蜂农吴某：年里程约1.2万千米	
生产活动及地点	时间	生产活动及地点	时间	生产活动及地点	时间
云南，繁蜂	次年12月至翌年2月	云南，繁蜂	次年12月至翌年1月	云南，繁蜂	次年12月至翌年1月
四川、江苏，生产油菜蜜	3月	四川、生产油菜蜜	2—3月	四川、陕西汉中，生产油菜蜜	3月
山东，生产洋槐蜜	4月	陕西宝鸡，生产洋槐蜜	4月	陕西关中，生产苹果蜜	4月
陕西延安，生产洋槐蜜	5月	陕西咸阳、甘肃，生产洋槐蜜	5月	甘肃沁阳，生产洋槐蜜	5月
吉林黑龙江，繁蜂、生产椴树蜜	6月	甘肃临县，生产蚕豆和油菜花粉	6月	宁夏中宁，生产枸杞蜜	6月
内蒙古呼伦贝尔，生产油菜蜜	7月	湖北，荷花花粉	7—8月	宁夏中卫，生产葵花蜜	7月
内蒙古赤峰，生产荞麦蜜	8月	四川，秋繁	9月	内蒙巴彦淖尔市，生产葵花蜜	8月
山东，秋繁、车辆年检	9—10月	四川，车辆年检	10月	四川，繁蜂、车辆年检	9月
四川，生产茶花花粉	11月	四川，生产茶花花粉	11月	四川，生产茶花花粉	10—11月

资料来源：作者调研整理

四、是什么制约了养蜂车推广?

1. 养蜂车节本增效途径有待拓展

养蜂车是专为养蜂而设计的专用车辆，主要包括了全封闭式或半封闭的蜂箱装载区和生活区，基础车型为货车，载货部分设计为金属抽屉式框架。养蜂车可以车载遮阳网、生活间、储存箱、滑动工作平台、电动提升装置、卫星天线、烘干机、电动摇蜜机、电动取浆器、充电机、紫外线消毒灯、GPS导航、附加蓄电池组、太阳能发电板、淋水装置、2千瓦发电机等和食品级不锈钢水箱和生活设备。由于饲养和管理环节机械化程度不高，制约了养蜂车作为机械化载体的功能发挥。当前节本增效途径主要表现在降低运输费用和多赶蜜源增产两个方面。市面上销售的载运80~150箱蜂的养蜂车（不含税）售价为14万~18万元，载运150~200箱蜂的养蜂车售价为20万~24万元。根据蜂产业体系经济岗位课题组调查数据，专业蜂农中大转地、小转地、定地饲养西蜂和定地饲养中蜂的平均规模分别是188.32箱、105.74箱、93.37箱和58.4箱，每箱年平均纯收入、采集蜜源点数量和每年转地运输距离如表2所示。

表 2　不同养蜂模式成本收益情况

放蜂模式	样本量（个）	平均规模（箱）	每箱收益（元）	年采集蜜源点数量（个）	年转地运输距离（万千米）
大转地	31	188.32	742.53	6~10	0.6~1.5
小转地	56	105.74	553.05	4~6	0.1~0.3
西蜂定地	38	93.37	656.48	2~6	—
中蜂定地	30	58.4	617.93	2~4	—

数据来源：作者根据蜂产业经济课题组数据整理

按照使用养蜂车多赶蜜源，纯收入增加 10%，每千米运输成本节约 50%来计算，大转地饲养模式可以实现节本增效的目标。但购车折旧成本较高，载运 200 箱和 150 箱养蜂车折旧成本分别为每年 1.5 万元和 1.2 万元。因此，若补贴额度低于车辆购置成本的 30%，即便是大转地蜂农使用养蜂车增加收益为每年 1 万~2 万元，但蜂农劳动强度会显著增强，影响蜂农的购车意愿（表 3）。

表 3　使用养蜂车节本增效情况

放蜂模式	载运规模（箱）	年折旧成本（万元）	年收益（万元）	节约运输成本（万元）	多赶蜜源增加收益（万元）
大转地	200	1.5	14.85	0.3~0.75	1.5
	150	1.2	10.87	0.3~0.75	1.1
小转地	200	1.5	11.06	0.05~0.15	1.1
	150	1.2	8.30	0.05~0.15	0.8

数据来源：作者根据蜂产业经济课题组数据整理

根据我国的转地路线，养蜂车年行驶里程 1 万~1.5 万千米，仅是普通营运车辆 1 个月的行驶里程。从 2010 年至今，我国农村公路里程、公路密度、公路营运载货汽车吨位、私人载货汽车拥有量一直处于快速增长的阶段，其中公路营运载货汽车吨位、私人载货汽车拥有量的年增长率都超过了 10%。转地运输服务的供给量增加了，加上近 5 年油价持续下跌，已跌至 2009 年的价格水平。交通运输便利化程度提高，也客观抑制了蜂农使用养蜂车的意愿（图 4）。

2. 养蜂车尚有技术问题未解决

自 2011 年我国第一辆养蜂车问世，业内对养蜂车的研究一直没有停止。养蜂车的主要目标就是节约蜂箱装卸人力和提高转地运蜂的及时性、灵活性和生产效率，所以一些养蜂车设计为“车上养蜂”模式，运输到蜂场后将货箱挡板放下后，蜂箱在车内的位置保持不动。如此密集的摆放方式，容易发

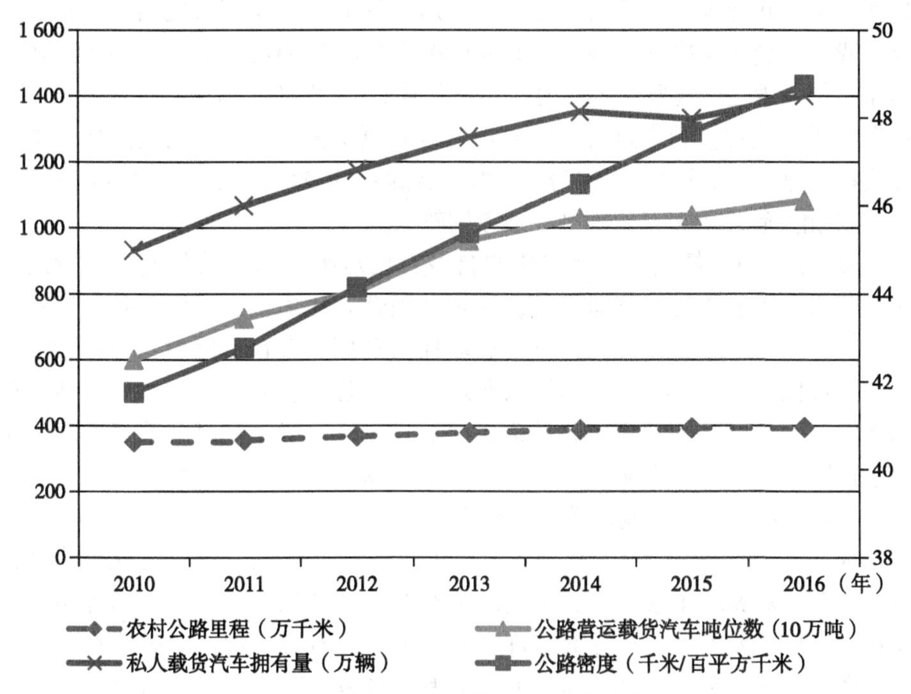

图4　近年我国公路营运主要指标变化

生蜂群偏集，即蜂群集中在某一张或几张脾上，导致最后一排内勤外勤蜂无法回到蜂箱里。“车上养蜂”模式的蜜蜂回巢识别，通风散热，遮荫防晒等技术问题还没有解决。还有一些养蜂车采用车载滑轮装置进行蜂箱装卸，但由于在载货区安装了固定的金属框架而降低了装卸效率。

此外，6.8米长的养蜂专用车可以装载固定蜂箱96~112箱，9.6米长可以装载固定蜂箱128~168箱蜂。如果装载一些需要卸车的蜂箱，这两种车型分别最多能装载150箱和250箱。考虑到养蜂车的购置投资，蜂农对蜂群规模扩大的需求还不能得到满足。

3. 规模化饲养、高强度工作还未实现机械化替代

养蜂属于劳动密集型产业，以我国转地养蜂模式最普遍的四川省为例，每年每人平均投工量超过了270个工作日。规模化蜜蜂饲养需要投工投劳主要集中在以下工作：蜂群检查和调整、蜂王的培育和换王、分蜂、蜜蜂饲料的配制和蜂群饲喂、脱蜂和取蜜、蜂王浆生产、蜂花粉生产等。目前，这些工作还未实现机械化替代，养蜂车仅仅实现了转场运输机械化替代。

在我国大多数蜂农采取的精细化饲养模式下，蜂农自己驾驶养蜂车进行转场，虽然省去了雇用车辆、装卸等成本，但耗费体力较大。特别是蜜蜂转

场通常是夜间行驶，天亮时装卸车，无形中反而加重了蜂农的劳动强度。此外，我国车辆普及率并不高，在蜂农中拥有驾驶执照的蜂农已是少数。按照国家的相关规定，驾驶6米以内的养蜂车需要C1驾照，驾驶超过6米长的养蜂车需要A驾照。符合这类驾驶条件的蜂农更是少之又少。而货运雇车的驾驶员都是熟练的老司机，且有相应的货运保险，比蜂农自己开车更加有保障。

4. 相关管理政策执行标准各地差别较大

交通部[①]明确规定：养蜂专用车自备自用从事养蜂活动的属于非营运车辆，养蜂专用车作为非营运车辆，无须办理营运使用证，可以在各种道路上通行，并可享受绿色通道待遇，不收取任何费用。但在实际中，交通管理部门并没有依照此规定将养蜂车纳入非运营车辆管理，而是将其按照鲜活农产品运输"绿色通道"政策进行管理，并要求养蜂车必须满足装载蜂群容量不少于运输车辆核定载货吨位或车厢容积的80%，并且不能与其他货物（包括非鲜活农产品、蜂产品制品等）混装[②]。持有《中华人民共和国道路运输证》和《农产品检验检疫证》。凡是不符合上述条件之一的，都要收取过路过桥费。目前，对养蜂车收取过路费的政策在各省的执行标准不一，因此引发的争执、蜜蜂闷死损失乃至冲突事件屡见不鲜。还有交管部门以养蜂车内载运的摇蜜机、帐篷和装蜜塑料桶为由，认为这些是不符合"绿色通道"政策的杂物。这对养蜂车的推广造成了不利影响。

五、如何实现蜂业机械化

1. 转地设备要抓住省力要点

早在20世纪30年代，流动养蜂在美国已经形成规模。当时虽然还没有专业的养蜂车，通常由一个专业从事养蜂的家庭或个人雇10几个帮工，用卡车或用铁路货车进行蜂群迁徙，使用叉车或车载液压设备搬运蜂箱。美国养蜂运输和取蜜全面机械化，劳动生产率很高，因此养殖规模大，一个家庭可以饲养1 000~2 000群的规模。而在我国一个家庭（夫妻两人）最多可以养200~250群蜂，严重制约了养蜂业技术效率和劳动产出效率的提高。蜂业的机械化不仅直接影响养蜂的生产规模，也影响生产效率和生产经营模式。因此，只要有利于养蜂省工省力、节本提效的模式都可以因地制宜进行实践和

① 《中华和人民共和国交通运输部对十一届全国人大四次会议第9362号建议的答复》（交运建字［2011］210号）已经明确过："如果属于养蜂人自备且从事养蜂生产生活作业，可按照非经营性道路运输车辆管理。"

② 2010年7月23日中国养蜂学会发布的关于《绿色通道》的解读。

探索。对于转地养殖机械化，可以不局限于养蜂车推广，关键是要解决蜂群的运输机械替代问题。例如，加拿大转地蜜蜂运输则是由专业的运输公司使用专业的运蜂车并由获取运蜂职业资质的职业司机进行的，这种方式提高了运蜂车的使用频率和效率，蜂农只需购买运输服务就可以了。在我国转地频繁的地区和路线上，可以尝试探索建立转地运输社会化服务网络，也可以推广小型、便携叉车或液压起吊设备。

2. 技术供给对接需求

技术供给要符合中国养蜂模式和国情。根据其他国家的经验来看，美国、加拿大、澳大利亚因其转场频率低（每年 2~3 次），蜂场转场使用的是货车，而非养蜂车。不同生产规模的蜂场需要不同类型的养蜂机具和管理操作办法。一般来说，超过 500 群规模的蜂场，养蜂机具应向大型化和功能专一化发展。这种大型蜂场采用规模化饲养方式，目标是简化饲养管理操作，提高单人管理蜂群数量。提倡使用大中型的割蜜机，自动传动设备，进行整箱割蜜摇蜜操作，降低劳动强度。同时大型蜂场要注重维持强群的蜂群管理操作，严格执行蜂场的防疫制度。对于 500 群规模以下的小型蜂场，推广小型、便携式的蜂机具，提倡蜂农在转地、产蜜、产王浆的旺季时通过雇工或购买服务的方式解决劳动力不足的问题。对于定地饲养模式，可以推广精细操作，提高单群饲养收益。发展具有地域特色的蜂产品，开展蜂业与农业、餐饮业、农村休闲产业、旅游业的产业融合。各地养蜂管理站应根据当地蜜源植物和养蜂特点，制定出适合不同规模、不同饲养模式、不同蜂种的饲养技术标准、生产技术标准和蜂群管理技术标准等，实现技术供给与需求对接。

3. 建立有序市场，提高养蜂经济效益

蜂业属于劳动密集型产业，蜂产品的价格应合理体现生产所需劳动、资本价值并维持一定的利润水平。我国蜂产品需求量大，市场上“指标蜜”“假蜂胶”等以次充好、名不副实的产品驱除挤压了正常商品，形成“柠檬市场”。蜂产品市场价格逐年上涨，名义价格年涨幅 10%~13%①，而蜂农原料蜜收购价格在近 3 年维持在±3%左右的波动范围。蜂农只能通过“薄利多销”增加蜂产品产量来获取利润，摇蜜频繁而忽视了蜂群健康。要避免这种恶性循环再发展下去，关键是建立有序市场。政府应采取市场和技术的双重手段帮助消费者鉴别优劣蜂蜜，将蜂蜜中的重要指标，如蔗糖含量和淀粉酶值等，明显地标注在蜂蜜产品上。通过产品溯源体系，将蜂蜜的生产、加工、流通等各环节信息记录，形成完整的可追溯体系，建立优质优价市场秩序。

① 蜂产业体系经济岗位课题组调查数据。

同时，加大宣传蜜蜂授粉的作用、重要性和必要性。政府扶持养蜂合作组织、培育新型的蜜蜂授粉主体，形成一批专业化的授粉蜂场，建立专业化授粉公司和授粉服务中介机构，完善市场信息咨询、技术服务体系。多渠道增加蜂农收入来源。只有提高了养蜂经济效益，蜂农才会愿意购置新型蜂机具，认为提高生产机械化水平是经济的。

4. 提高机械化水平是蜂业发展方向

纵观世界养蜂生产机具发展的情况，各地区均是根据自身蜂业生产的实际现状来开展蜂机具生产设备研究开发。我国急需开展以省力、高效为目标的养蜂机具改造升级，吸引一批懂技术的年轻人加入职业蜂农队伍。通过研发饲喂、上础、取蜜、取浆、脱蜂等关键环节的机具，提高蜜蜂饲养管理效率，提高蜂农的养殖规模。通过提高技术效率和规模效益，提高养蜂业的整体经济效益。当前面临的养蜂车推广问题只是我国蜂业机械化发展中的问题，并不是方向性的问题。应明确机械化是蜂业发展方向，根据我国的国情和蜂业发展的现实问题，逐一解决技术、市场、标准等问题。

参考文献

高芸，赵芝俊 . 2014. 正外部性产业补贴政策模拟方案与效果预测——以养蜂车购置补贴为例［J］. 农业经济问题，（3）96-101.

孙翠清，赵芝俊，刘剑 . 2016. 蜜蜂有偿授粉在梨生产中推广的阻碍与对策. 中国农业科学院农业经济与发展研究所研究简报［C］.（14）（总第315）.

Antoine Champetier. The Dynamics of Pollination Markets［C］. 2010. University of California，Davis，Agricultural Issues Center.

Georgina Arvane Vanyi，Zsolt Csapo，Laszlo Karpati. 2010. Positive externality of honey production. 120th EAAE Seminar External Cost of Farming Activites：Economic Evaluation Environmental Repercussions and Regulatory Framework［C］. Chania，Crete，Greece，September 2-4.

Joseph E. Stiglitz. 1997. 经济学［M］. 中国人民大学出版社.

Kalz M. L.，C. Shapiro. 1985. Network Externalities，Competition and Compatibility［J］. American Economic Review，75：424-440.

Mary K. Muth，Randal R. Rucker，Walter N. Thurman，Ching-Ta Chuang. 2001. The Fable of the Bees Revisited：Causes and Consequences of the U. S. Honey Program. Department of Agricultural and Resource Economics Report［C］. North Carolina State University，Raleigh，North

Carolina. May 10.

O. A. Davis and A. Whinstion, 1962. Externalities, Welfareand the Theory of Damages, Journal of Political Economy, Vol. 24, 65. June.

Steven N. S. Cheung. 2012. EconomicExplanation: Selected Papers of Steven N. S. [M]. 北京：中信出版社.

蜂农销售渠道选择影响因素研究
——基于10省（市）的1 637份调查数据

张　柳　张社梅

摘　要： 基于2009—2015年我国蜂业10个省（市）的固定蜂农观察点数据，对蜂农的销售渠道选择进行了统计分析，发现以中间商和零售为代表的非正式渠道占主导地位。在此基础上，运用面板数据随机效应模型，进一步分析了影响蜂农选择销售渠道的主要因素。结果表明，家庭收入水平、蜂蜜产量、加入合作社、定地养蜂方式对蜂农选择正式销售渠道有显著的正向影响。根据研究结论，提出建立长期稳定的利益共享机制、建设蜂产业信息平台、推进蜂业风险救助、发挥中间商对促进蜂产品流通的作用四点建议。

关键词： 销售选择；销售渠道；影响因素；随机效应模型

一、引言

蜂业集经济、社会和生态效益于一体，是现代农业的重要组成部分。但一直以来，养蜂业都处在缓慢发展的状态，以家庭小规模生产经营为主，生产条件落后、流通效率低、产品质量参差不齐，难以满足我国日益发展的蜂产品消费市场的需求。

蜂农出售蜂产品的渠道和方式直接关系到蜂农最终的经济收入，也关系到整个蜂产业供应链的稳定问题和蜂产品质量安全监控问题。目前我国蜂农出售各类蜂产品的渠道还较为单一，主要面向中间商、零售、合作社、加工企业。不同的销售渠道无论对农户，还是对产业均有不同的影响。因此，研究蜂农对蜂产品销售渠道的选择偏好和影响因素就具有重要的理论和实践指导意义。

近年来，国内外的许多学者对发展中国家的农产品市场供应链变化呈现极大的关注并取得了丰硕的成果，为后续研究的开展奠定了良好的基础。在农户选择不同销售渠道的影响因素方面，国外学者有不少研究。Berdegue（2006）等学者在对墨西哥番石榴种植农户的研究中指出，农户固定资产的拥有水平以及所处的地理位置是影响小规模农户是否能够进入超市等现代渠道的主要影响因素，而种植规模、受教育程度及参加组织与否等对农户的农产品销售渠道并不产生显著的影响。Woldie（2011）等学者在对埃塞俄比亚的香蕉农户的研究解释了批发商人和市场合作社之间农民的选择。在国内，学者们主要关注于农产品流通渠道的影响因素和经营组织的流通服务功能。基于交易成本理论，许多学者开展了有关影响农户果蔬等农产品销售渠道的论述，并通过实证分析论证了信息成本、谈判成本、结算成本对农户农产品销售方式选择有重要影响（宋金田，2011；徐家鹏，2012；侯建昀，2013；文长存，2016）。赵晓飞（2016）通过构建流通渠道绩效关系模型，实证分析了农产品流通领域农民合作组织经济效应的动因与作用机理。黄梦思（2016）从农户视角，结合治理机制的相关理论，实证分析了复合治理“挤出效应”对农产品营销渠道绩效的影响。前人对于农产品流通渠道的研究多集中在果蔬类，关于畜产品的成果相对较少。在蜂产品的研究方面，以自然科学研究和定性分析（陈玛琳，2014；游兆彤，2014）居多，基于大样本的农户调查和计量经济模型的实证分析研究十分少见，销售渠道的实证研究方面也鲜有见到。

基于上述考虑，本文拟采用全国10个省市的蜂农调研数据，重点分析蜂农对不同销售渠道的选择偏好，并进一步定量分析影响蜂农采取不同销售渠道的影响因素，以求深入了解蜂产品进入市场的源头和路径，为政府部门制订相关的引导政策提供决策参考。

二、蜂产品销售渠道概况

（一）数据来源

从2009年开始，蜂产业技术体系产业经济课题组在全国建立了固定蜂农观察点。本文所用数据均来自蜂产业技术体系产业经济课题组已构建的数据库，样本点分布在北京、甘肃、河南、湖北、吉林、江西、山东、山西、四川、浙江10个全国蜂业主产区，甘肃、吉林两省2009—2010年未纳入样本点。样本分布较为广泛且具有代表性，各省市的样本点均在40个以上，历年各省的样本数量相对稳定。

（二）蜂产品销售渠道发展情况

在农产品的流通中，企业或合作组织等在克服交通困难、组织产品远距离销售等方面能力远比中间商强，具备现代流通渠道的特征（徐家鹏，

2012)。小农户可以通过加入合作社这一集体行动融入农产品现代流通体系(刘天军，2013)。与此同时，在生产较为分散、产品市场集中度较低的情况下（陆立军，2012)，中间商在组织集合中小企业势力、推动产品销售、发挥批量供货优势和议价能力上仍然拥有庞大的力量。因此，结合目前我国的蜂蜜销售背景，本文认为可以将我国蜂蜜销售渠道分为正式和非正式两大类。向专业合作社和加工企业销售为主，具有稳定的合作关系和规范的表现形式，如产销合同、产品约束的，属于正式销售渠道。而卖给中间商或者零售给亲朋好友、左邻右舍、陌生人这种一般不具有稳定的合作关系，多属于一次性交易的，则属于非正式销售渠道。

作为蜂业的重要经营主体，蜂农主要通过出售蜂产品获取收益，而不同的渠道销售获得的收益有所不同。在以合作社、加工企业为代表的正式渠道中，收购标准普遍较高，收购价格相对较低，但收购量大，且能及时出售，不愁卖。而在以中间商、零售为代表的非正式渠道中，缺乏相应的收购标准，蜂蜜质量参差不齐，价格不稳定，但总体上要高于正式渠道，尤其是零售给亲朋好友的蜜蜂质量也要高于正式渠道，因为是熟人之间。我国蜂产品以蜂蜜为主，因此，下面将从蜂蜜的销售渠道占比变化进行分析。

蜂蜜销售渠道变化情况如表1所示。从整体上看，全国蜂蜜销售渠道以非正式渠道为主，且非正式渠道所占比重整体呈增长趋势，在2015年已高达75.15%，比2009年的58.9%增长了26%。各省市蜂蜜销售渠道占比情况存在较大差异，江西、北京两地主要通过正式渠道进行销售，且江西省通过正式渠道销售的蜂蜜比例有增长趋势，而其余8省的蜂蜜主要通过非正式渠道进行销售。我国蜂蜜的两大主产省份河南和四川通过正式渠道销售的比例始终低于平均水平，并且这一比例有下降趋势。山东、甘肃两省份蜂蜜年产量低，总和低于1吨，历年销售渠道比例变动较大。

表1　蜂蜜销售渠道占比变化表

年份	销售渠道	北京	河南	湖北	江西	山东	山西	四川	浙江	甘肃	吉林	平均
2009	正式渠道	86.50%	35.20%	36.40%	61.50%	38.60%	16.30%	41.50%	33.10%	—	—	41.10%
	非正式渠道	13.50%	64.80%	63.60%	38.50%	61.40%	83.70%	58.50%	66.90%	—	—	58.90%
2010	正式渠道	80.90%	37.00%	41.30%	68.50%	82.60%	30.70%	19.90%	19.80%	—	—	37.50%
	非正式渠道	19.10%	63.00%	58.70%	31.50%	17.40%	69.30%	80.10%	80.20%	—	—	62.50%
2011	正式渠道	91.50%	20.20%	17.70%	75.60%	56.10%	24.80%	12.00%	47.90%	1.90%	6.25%	34.50%
	非正式渠道	8.50%	79.80%	82.30%	24.40%	43.90%	75.20%	87.90%	52.10%	98.10%	93.7.5%	65.50%
2012	正式渠道	83.70%	22.00%	15.40%	51.10%	54.30%	21.40%	18.10%	48.80%	5.80%	4.80%	32.80%
	非正式渠道	16.30%	78.00%	84.60%	48.90%	45.70%	78.60%	81.90%	51.20%	94.20%	95.20%	67.20%
2013	正式渠道	85.50%	21.40%	12.70%	65.10%	46.90%	26.70%	21.40%	24.60%	13.10%	1.70%	28.60%
	非正式渠道	14.50%	78.60%	87.30%	34.90%	53.10%	73.30%	78.70%	75.40%	86.90%	98.30%	71.40%

（续表）

年份	销售渠道	北京	河南	湖北	江西	山东	山西	四川	浙江	甘肃	吉林	平均
2014	正式渠道	82.40%	23.40%	7.00%	69.70%	37.20%	15.30%	27.10%	33.20%	15.30%	4.80%	29.60%
	非正式渠道	17.60%	76.60%	93.00%	30.30%	62.80%	84.70%	72.90%	66.80%	84.70%	95.20%	70.40%
2015	正式渠道	—	20.25%	14.58%	81.06%	—	43.69%	—	20.27%	14.92%	10.64%	24.85%
	非正式渠道	—	79.75%	85.42%	18.94%	—	56.31%	—	79.73%	85.08%	89.36%	75.15%

综上可知，我国蜂农大多选择非正式渠道销售蜂产品，缺乏规范化和约束性，从而导致蜂产品质量水平不一；蜂农与加工企业直接合作水平普遍较低，蜂产品流通环节相对较长，需要通过二次销售后才流入加工企业，增加了蜂产品流通成本。

三、蜂农销售渠道选择决定因素分析

（一）数据来源

本文利用 2009—2015 年国家蜂产业技术项目——蜂农固定观察点调查数据，属于以农户家庭为单位的微观面板数据。样本涵盖中国大陆 10 个省市，历时 7 年，总体样本容量达到 1 637个。大样本保证了计量模型估计和检验的准确性，有一些样本点的数据不能维持 7 年，但对这些样本点的数据依然保留，所以是不平衡的面板数据。

（二）模型设计

一般来说，对于面板数据，有 3 种估计方法：①混合回归模型；②固定效应模型 FE；③随机效应模型 RE。具体适用哪种模型，需要对估计参数进行检验。

通常，面板数据模型可以表示为：

$$y_{it}=x'_{it}\beta+z'_{i}\delta+\mu_{i}+\varepsilon_{it},\ i=1,2,\ldots,N;\ t=1,2,\ldots,T \quad (1)$$

其中，随机效应模型假设 μ_i 与解释变量 $\{x_{it},\ z_i\}$ 均不相关。

本文的具体模型设定如下：

$$formal_{it}=\beta_1 age_{it}+\beta_2 edu_{it}+\beta_3 level_{it}+\beta_4 percent_{it}+\beta_5 exp_{it}+\beta_6 yield_{it}+\beta_7 fixed_{it}+\beta_8 org_{it}+\beta_9 labor_{it}+\beta_{10} disas-1_{it}+\mu_i+\varepsilon_{it} \quad (2)$$

$i=1,2,\ldots,N;\ t=1,2,\ldots,T$

对式（2）分别进行混合回归、固定效应和随机效应估计和检验。

首先，在混合回归模型与固定效应模型的适用性检验中，如表 2 所示，F

检验的 P 值为 0.0000，故强烈拒绝原假设，即 FE 认为明显优于混合回归。其次，在混合回归模型与随机效应模型的适用性检验中，LM 检验的 P 值为 0.0004，故强烈拒绝“不存在个体随机效应”的原假设，即认为在“随机效应”与“混合回归”之间，应该选择“随机效应”。最后，在随机效应与固定效应的 Hausman 检验中，由于 P 值为 0.1427，故接受原假设，认为应该使用随机效应模型，而非固定效应模型。因此，本文使用随机效应模型进行回归和检验。

表 2　RE、FE、混合回归适用性检验结果

	检验值	P 值	结果
F 检验	$F(451, 235) = 2.83$	0.0000	固定效应模型优于混合 OLS 方法
LM 检验	$X^2(1) = 79.47$	0.0004	随机效应模型优于混合 OLS 方法
Hausman 检验	$X^2(10) = 14.25$	0.1427	随机效应模型优于固定效应模型

（三）变量设定及描述

借鉴前人的研究成果，结合蜂产业实际情况，选择户主特征、家庭特征、经营特征 3 个方面进行分析。

第一，个人特征。根据已有理论表明，个人行为与个人特征有紧密关系。本文选择年龄（age）、受教育年限（edu）2 个指标对蜂农选择销售渠道的影响因素进行分析。蜂农年龄越大越追求稳定，可能更愿意选择正式渠道销售；而受教育年限反映蜂农文化程度高低，文化程度越高，对于销售渠道的选择可能更愿意选择正式渠道，以保障自己的权益。

第二，家庭特征。家庭收入水平（level）反映农户在本村的经济状况，侧面反映出农户在本村是否具有优越性；养蜂收入占家庭总收入的比例（percent）反映养蜂收入对于该家庭的重要性，占比越高表明越依赖养蜂收入，不看重是否经过何种形式的渠道销售蜂产品，只关心是否能确保高收益。

第三，经营特征。本文选择养蜂年限（exp）、蜂蜜产量（yield）、是否定地养蜂（fixed）、是否加入合作社（org）、雇佣工人数量（labor_ hire）、当年是否遇到重大灾害或事故一阶滞后项（disas-1）6 个指标。养蜂年限越长，蜂农在蜂业市场的社会资本越多，越有可能与正式渠道建立了稳定长期的合作关系。蜂蜜产量越高，蜂农需要出售的蜂产品越多，需要依靠销售能力更大、更具有契约精神的渠道，才能避免囤货滞销。理论上而言，加入合作社，成为内部社员，能享受到合作社提供的生产资料、技术指导、信息咨询等公共物品（对于非社员来说，这些都是私有物品）。更为重要的是，蜂农的向外议价权得到提升、对外谈判成本降低，因此，蜂农极有可能依托合作社出售蜂产品。是否定地养蜂从侧面表明蜂农是否拥有便利的交通工具以及获取市场信息成本的高低，一般来说，定地饲养的多为中蜂，蜂农待在偏远地区的概率更大，获取市场信息的成本更高，因此，会更依赖于正式渠道进行销售。而大转地的蜂农可以利用交通工具抵达更远的地方出售蜂产品，获取市场信息的成本更低，进而倾向于选择收益最大的销售渠道。雇佣越多的工人，生产成本越高，则需要更为稳定的销售渠道，以保证收入的稳定，确保劳务费的支付。前一期是否遭遇过重大灾害事故及其后续补偿与否，会影响农户当期的销售选择。

根据以上理论分析及影响因素分析，有关变量定义和变量统计性描述如表3所示。

表3　模型变量说明及统计性描述

变量名称	变量定义	均值	标准差
被解释变量			
主要销售渠道（channel）	正式渠道=1，非正式渠道=0，	0.256	0.437
解释变量			
1. 户主特征			
年龄（age）	单位：岁	49.99	10.717
受教育年限（edu）	单位：年	7.088	2.201
2. 家庭特征			
家庭收入水平（level）	上等=1，中上等=2，中等=3，中下等=4，下等=5	2.896	0.811
养蜂收入占家庭总收入比例（percent）	单位：%	73.745	28.175
3. 经营特征			
养蜂年限（exp）	单位：年	25.046	11.470
蜂蜜产量（yield）	单位：kg	5 170.201	6 168.280
定地养蜂（fixed）	是=1，否=0	0.623	0.473
遭遇重大灾害事故滞后项（disas-1）	—	0.515	0.500
是否加入合作社（org）	否=0，是=1	0.638	0.481
雇工数量（labor_ hire）	单位：人	1.479	1.194

（四）模型回归分析

运用stata13.0，对数据进行随机效应处理，得到的结果如表4所示。

表 4　蜂农选择销售渠道的影响因素回归结果分析

解释变量	系数	z 值
个人特征		
年龄（age）	-0.002	-0.42
受教育年限（edu）	0.0104	0.47
家庭特征		
家庭收入水平（level）	0.032*	0.82
养蜂收入占家庭总收入比例（percent）	0.179	2.65
经营特征		
养蜂年限（exp）	0.013	0.73
蜂蜜产量（yield）	2.04e-06**	2.52
遭遇重大灾害事故滞后项（disas-1）	0.044	1.41
是否加入合作社（org）	0.087*	2.97
雇工数量（labor_ hire）	-0.012	-0.96
定地养蜂（fixed）	0.091**	2.36
Wald chi2（11）	42.24	
Prob>chi2	0.0012	

第一，个人特征对蜂农选择销售渠道的影响。从模型结果来看，年龄、受教育年限变量均不显著。结合表 2，可以得知样本的年龄均值为 50、受教育程度多在小学毕业和初中水平，标准差显示各样本的年龄和受教育程度的差异均不太大，表明蜂农的老龄化和受教育程度不高。因此，年龄和受教育年限两个人口统计学变量并未对蜂农选择销售渠道产生显著影响。

第二，家庭特征对蜂农选择销售渠道的影响。从模型结果来看，家庭情况对蜂农选择销售渠道的影响较为明显。家庭收入水平（level）对蜂农选择正式渠道销售有正向影响，且在 10%的水平上显著。养蜂收入占家庭总收入比例（percent）对蜂农选择销售渠道的影响不显著，这可能是因为养蜂收入占家庭总收入比例越高，蜂农对销售收益的重视程度也越高，会想办法寻找多种销售渠道来确保自身利益，所以对于是否为正式渠道不敏感。

第三，经营特征对蜂农选择销售渠道的影响。蜂蜜产量（yield）、是否加入合作社（org）、定地养蜂（fixed）均对蜂农选择正式渠道销售有正向影响，且分别在 5%、1%、5%的水平上显著。养蜂年限（exp）、遭遇灾害事故的一阶段滞后项（disas-1）、雇工数量（labor_ hire）则未对蜂农选择销售渠道产生显著影响，与预期不符。可能的解释是，养蜂年限反映了蜂农养蜂的经验，而我国养蜂业初级销售市场并没有形成规范，经验丰富的蜂农可以更为清楚地认识到这一点。养蜂时间越长，蜂农信息来源越多、对市场越了解，因此对于市场的判断会更为准确，可能会根据不同时期的需求选择多种渠道进行销售，以寻求利益最大化。结合表2，现阶段我国的蜂场多为夫妻共同经营，规模普遍偏小，对于雇工的需求并不高，大多仅限于转地期间的部分蜂箱搬运需要。因此，支付的雇工报酬很少，没有加大对蜂产品销售的压力。滞后项变量（disas-1）虽然影响为正但并不显著，可能的原因在于事后灾后的相关保险制度和后续补偿机制的不健全。养蜂业极易受到气候及环境的影响，2009—2015年蜂农遭遇重大自然灾害和事故的比例高达61.3%。由于投保者和保险公司之间的信息不对称问题十分突出，蜂农对于蜂业保险的认知和信任程度不高，低风险者放弃投保，愿意投保的往往是高风险者，面对巨大的成本压力，保险公司会倾向于逐渐退出市场。合作社和蜂农虽然有较为紧密的合作关系，但在利益联结上还有待加强，对于蜂农灾后事后的减轻损失和安置处理方面还很欠缺。

四、结论与建议

（一）基本结论

基于蜂产业技术体系产业经济课题组已构建的数据库，本文对蜂产品销售渠道情况进行研究分析以及利用随机效应模型进行蜂农选择销售渠道的影响因素分析。研究结果表明：①蜂农选择以专业合作社、加工企业为代表的正式渠道销售蜂产品的比例相对较低，中间商、零售为代表的非正式渠道仍然占主导地位；②家庭收入水平越高，越倾向于选择正式渠道进行销售；③蜂蜜产量越大，越倾向于选择销售能力大、具有契约精神的正式渠道；④加入合作社对蜂农选择正式渠道具有显著的正向影响；⑤定地养蜂的蜂农流通成本和市场信息获取成本更高，因此会更依赖于正式渠道进行销售。

（二）相关建议

第一，积极建立专业合作社、加工企业与蜂农长期稳定的利益共享机制。目前，我国蜂农选择非正式渠道销售蜂产品居多，专业合作社、加工企业这类正式渠道未能充分发挥自身作用。应当积极引导蜂农与专业合作社或加工企业建立长期合作关系，并签订合作协议，明确产权。一方面保证专业合作社、加工企业原料的来源，另一方面保障蜂农收益，达到双赢局面。

第二，积极建设蜂产业信息平台。建跨省域乃至全国性的信息平台，集成物联网、移动互联网及大数据挖掘技术，主要对生产信息和流通路线进行采集，并将其应用于蜂群养殖、蜂产品生产、蜂业电子商务以及蜂产品溯源等众多领域，以最大幅度提升信息流通速度和透明度，提升蜂产品原料质量，提高资源配置效率，为蜂产业智能化决策提供支持，进而实现蜂产业整体利益平衡发展的最高目标。

第三，积极推进蜂业风险救助。虽然养蜂业是集经济、社会、生态效益于一体的产业，养蜂生产又面临诸多风险，但目前国内只有浙江省实施了养蜂业风险救助，养蜂综合保险参保率依然很低。各级政府、蜂业合作社、蜂业协会应加大对养蜂业风险救助实施办法的宣传力度，使企业与蜂农充分认识到风险救助的益处，宣传好风险救助受益典型。同时建议地方政府投入风险救助专项资金，以合作社为平台，为蜂农提供部分保险购买补贴，促进蜂业保险的普及，促进养蜂业组织化程度的提高。

第四，积极发挥中间商对促进蜂产品流通的作用。在生产较为分散、产品市场集中度较低的现状下，中间商介入的销售渠道对现阶段的蜂农来讲是最重要渠道之一。政府应该重视中间商的地位，加大对其进行蜂产品质量安全提升和现代流通销售模式的培训，加大对其的监管力度，引导其对我国蜂产品质量和信誉的维护。

参考文献

陈玛琳，赵芝军，席桂萍 . 2014. 中国蜂产业发展现状及前景分析 [J]. 浙江农业学报，26（3）：825-829.

陈耀庭，戴俊玉，管曦 . 2015. 不同流通模式下农产品流通效率比较研究 [J]. 农业经济问题（3）：68-74.

高芸，赵芝俊 . 2014. 正外部性产业补贴政策模拟方案与效果预测——以养蜂车购置补贴为例 [J]. 农业经济问题，35（3）：96-101.

侯建昀，霍学喜 . 2013. 交易成本与农户农产品销售渠道选择——来自 7 省 124 村苹果种植户的经验证据 [J]. 山西财经大学学报，35（7）：56-64.

黄梦思，孙剑 . 2016. 复合治理“挤出效应”对农产渠道绩效的影响——以“农业龙头企业 + 农户”模式为例 [J]. 中国农村经济（4）：17-30.

刘天军，胡华平，朱玉春，等 . 2013. 我国农产品现代流通体系机制创新研究 [J]. 农业经济问题，34（8）：20-25.

陆立军，俞航东，陆瑶，等 . 2012. 集聚型中间商：对专业市场交易中介效应的理论解释［J］. 产业经济研究（4）：1-9.

宋金田，祁春节 . 2011. 交易成本对农户农产品销售方式选择的影响——基于对柑橘种植农户的调查［J］. 中国农村观察（5）：33-44.

文长存，吴敬学 . 2016. 交易成本对农户销售高价值农产品行为的研究——基于湖北省西瓜种植户的调查［J］. 农业经济与管理（4）：61-71.

徐家鹏，李崇光 . 2012. 蔬菜种植户产销环节紧密纵向协作参与意愿的影响因素分析［J］. 中国农村观察（4）：2-13.

游兆彤，虞轶俊，孔亚广 . 2014. 中国智慧蜂业发展现状及对策［J］. 浙江农业学报，26（4）：1111-1115.

张社梅，孙战利 . 2016. 德国特色农业产业发展对中国的启示——以蜂产业为例［J］. 浙江农业学报，28（11）：1954-1961.

赵晓飞，田野 . 2016. 农产品流通领域农民合作组织经济效应的动因与作用机理分析［J］. 财贸研究（1）：52-61.

Berdegue J A，Reardon T，Balsevich F，et al. 2006. Supermarkets and Michoacan Guava Farmers in Mexico［J］. Staff Papers.

Woldie G A，Nuppenau E A. 2011. A contribution to transaction costs: evidence from banana markets in Ethiopia［J］. Agribusiness，27（4）：493-508.

农产品差异定价影响因素及策略探讨①

——以蜂蜜产品为例

高　芸[1]　张瑞娟[2]　赵芝俊[1]

（1. 中国农业科学院农业经济与发展研究所；

2. 中国社会科学院农村发展研究所）

摘　要：我国农业供给的结构性问题主要表现在供给和需求不相匹配，一般品种供给量大，而优质、专用品种供给不足。本文从差异化竞争入手，在剖析农产品差异化竞争培植面临体制、机制障碍因素的基础上，选择蜂蜜产品作为农产品差异定价的研究样本。利用蜂产业体系经济岗课题组2012—2015年对北京、杭州、青岛、郑州、成都市蜂蜜市场的调查数据，比较不同销售地点蜂蜜产品的价格差异，探讨建立优质优价机制的关键问题，总结中国蜂蜜市场的价格差异特征及其原因。文章运用R软件进行价格、消费水平指标和成本指标的典型相关分析，探讨优质农产品定价策略，提出提高农产品供给体系效率的相关建议。

关键词：价格；差异；影响因素

Abstract: The structural problem of agricultural supply in our country mainly displays mismatching between the supply and demand. There's large supply of general variety, however the supply of high quality products and special variety is insufficient. The paper took the view of difference competition and selected honey products as research samples based on analysis on institutional barriers to cultivate difference competition in agricultural products. It adopted survey data of Beijng, Hangzhou, Qingdao, Zhengzhou, Chengdu markets by bee industry system Research Group from 2012 to 2015 to make comparison of price difference and discuss key problems in establishing fair price mechanism. The paper also made canonical correlation anal-

① 基金项目：国家蜂产业技术体系建设项目（编号：CARS-45-KXJ20），中央公益性事业单位基本科研业务费（编号：0052015001-10），中国农业科学院科技创新工程（ASTIP-IAED-2016-05）。

ysis on price, consumption and cost data by R. Furthermore, it discussed pricing strategy of high quality agricultural products and offered suggestions on improving the efficiency of agricultural product supply system.

Keywords: Price, difference, influence factor

一、引言

我国农产品特别是粮食作物的供给保障能力已取得了长足进步，农业供给的主要矛盾逐渐由总量不足转变为结构性问题。主要表现为农产品的供给和需求不相匹配，一般品种供给量大，而优质、专用品种少，高品质、质量安全有保障的产品供给不足。同时，近10年来由于劳动力及其他投入品成本增加，农产品生产成本全面快速增加，即使在单产持续增长的态势下，成本收益率和净利润下降明显，稻谷、小麦、玉米、大豆、油菜籽、甘蔗、生猪、肉牛、肉羊等农产品竞争力迅速下降，在内外价差的作用下，进口品对国内农产品价格造成了巨大冲击。从农业供给侧着眼，通过降成本、补短板、调结构等改革措施提高我国农产品价格竞争力的同时，也需要着力培植和发展品质、功能、外观、品种、等级、产地、品牌等非价格竞争力，既是在我国现有劳动力、土地等各类资源紧缺条件下提高农业竞争力的必然选择，也是当下应对国际过剩产能冲击、倾销及发达国家高补贴政策的有效手段。

根据产业组织理论，产品差异是市场结构的一个主要要素，企业控制市场的程度取决于它们使自己的产品差异化的成功程度。虽然经济学研究假设完全竞争市场条件，即产品是同质的，但现实中产品差异是普遍存在的。这种差异也使得具备优势差异的产品有利于培育消费者偏好和忠诚，使得该产品拥有较多的市场份额，间接形成了劣势差异产品进入市场的壁垒。产品差异化分为垂直差异化和水平差异化，具体到农产品，垂直差异化指产品本身质量、外观、等级等差异，水平差异化指产品细分的品种、功能、产地、包装、品牌等差异。由于农产品区别于工业商品的特征，在目前农产品市场准入制度和消费环境下，其差异化竞争的培植还面临体制、机制障碍。首先农产品差异化信息标准化存在技术和机制层面的难题，农产品口感的理化指标存在不稳定、难以统一的问题，许多与农产品差异紧密相关的生产信息无法及时、准确地传导给消费者。二是经过加工的农产品通常对其原料的品种、品质标示不明确，加工地与原产地混淆，许多加工品还存在不同种类原料混合的问题，不利于产品市场细分。三是农产品区域品牌/原产地依赖于地方政府和专业协会组织的维护，存在重建设轻监管的问题，产品品牌的相关利益者众多，组织管理有难度。基于以上客观事实，本文将在梳理产品定价的基础上，探讨优质农产品定价策略，提出提高农产品供给体系效率的相关建议。

二、农产品差异定价相关研究

由于客观存在的产品差异和消费者需求、购买能力、文化传统及市场法规等因素，产品营销差异定价策略被广泛使用以适应不同市场的需求（Terpstra and Foley et al.，2012）。价格在消费者购买行为决策中承担资源分配和信息传递功能（Assael，2000；Olson，1976），由于厂商成本和市场定位等信息难以获得，现有研究集中在消费者对差异化定价策略的反应和定价策略对消费者购买意愿影响的内在机理（肖丽，2012；Han and Ryu，2009；Li and Hitt，2010；冯建英、穆维松、傅泽田，2006），优质优价机制（陈艳红，2014）以及供应链一体化及效率（刘贵富，2007）等（表1）。

表1　4种农产品收购价格比较[①]　　（单位：元/吨）

小麦	收购价	玉米	收购价	稻谷	收购价	苹果	收购价
内蒙古临河红小麦	3 300	吉林省舒兰市15%水分	1 800	湖北省宜城优质晚籼稻	2 600	陕西延安富士	7 200
河南鹤壁2级白小麦	2 400	山西省临汾14%水分	1 700	黑龙江七台河三级粳稻	3 150	甘肃天水黄金帅	8 000
江苏太仓3级红小麦	2 380	四川省江阳区15%水分	2 020	广东德庆3级早籼稻	2 700	山西运城富士	4 500

本文基于蜂产业体系经济岗课题组2012—2015年对北京、杭州、青岛、郑州、成都市蜂蜜市场的调查数据，总结中国蜂蜜市场的价格差异特征及其原因，进而探讨优质农产品定价策略，提出提高农产品供给体系效率的相关建议。选择蜂蜜产品作为农产品差异定价的研究样本主要有以下原因：一是农产品市场中不同种类产品和同类产品品种间替代性效应明显，存在产品标准化程度低，产地、品质、外观、口感等差异化信息传递不规范，理化指标不稳定等特性，难以获得农产品同类产品差异的代表性数据进行分析。本文通过蜜种差异、城市间价格差异、销售地点价格差异剖析“品质差异的同类农产品的价格差异”问题，实现了农产品品质差异与价格差异的量化分析。二是农民生产优质农产品的产量损失以及人工、良种等投入品增加不能通过差异化价格和合理的利润

① 小麦、玉米、稻谷收购价为2016年产季价格，来源于中国粮油信息网。苹果收购价为2015年产季价格，来源于2015年苹果产业体系报告。

分配机制实现差异化竞争，容易被一般品和低价进口品冲击，这种情况在当下农产品生产中屡见不鲜。蜂蜜生产也是如此，成熟蜜生产成本高、收益低。因此，本文将价格指标、消费水平指标、成本指标和农民收益一起纳入模型，检验其线性依赖关系，促进农产品优质优价机制建设。三是由于蜂蜜产品具有保健功能，本文使用模型检验间接反映消费者心目中对蜂蜜功能定位，研究将为其他农产品进行功能拓展及深加工开辟新的思路。

三、蜂蜜市场价格差异特征

1. 蜜种差异

本文选择超市、商场内的蜂产品专柜以及蜂产品专卖店的纯蜂蜜产品①开展价格信息收集，主要原因是由于蜂产品主要通过这 3 种渠道进行销售，相对于近年兴起的农家乐、蜂农直销等销售方式，以上 3 种销售渠道包括成本价格、物流成本和利润，且所售蜂蜜都符合上市销售标准，品质相对有保障且稳定，可以作为同类商品进行价格比较。目前，市场上在售的主要蜂蜜产品有以下 11 种，其中巢蜜②是蜂蜜产品中的精品蜂蜜，其营养成分和活性物质比普通蜂蜜要高得多，销售数量小③，售价高。目前市场上每千克巢蜜价格在 150 元以上。其次是中蜂蜂蜜④、荔枝蜜、椴树蜜、龙眼蜜、洋槐蜂蜜、杂蜜的售价相对较高，市场的认可度和质量都要略好（表 2）。整体来说，非作物蜜源的蜂蜜产品由于来源于野生植物，不会受到农药污染，价格要高于作物蜜源蜂蜜。中蜂蜂蜜价格在近年成倍增长，中蜂酿蜜周期长，主要以高寒森林野山花为蜜源等特性在消费者中广泛认知。

表 2　2012—2015 年不同蜜种蜂蜜价格情况（单位：元/千克）

年份	2015 年均价	2014 年均价	2013 年均价	2012 年均价
巢蜜⑤	340. 8	150. 6	—	96. 4
中蜂蜂蜜⑥	137	122. 8	105. 8	51. 2
椴树蜜	92	94. 6	69. 8	60. 2

① 商品标示中标明不包含除天然蜂蜜之外的纯蜂蜜产品，不添加麦芽糊精、人工合成或添加的氨基酸、微量元素等。

② 蜂房封盖的蜂蜜，卖出时蜂房不切割。

③ 2012 年和 2014 年都仅获得 3 例巢蜜价格信息，2015 年获得 5 例巢蜜价格信息。

④ 其他蜂蜜均由西方蜜蜂（Apis mellifera *Linnaeus*）生产。

⑤ 2012 年和 2014 年分别获得 3 个巢蜜价格样本。

⑥ 2012 年至 2015 年分别获得 3 个、15 个、21 个、10 个中蜂蜂蜜价格样本。

（续表）

年份	2015 年均价	2014 年均价	2013 年均价	2012 年均价
荔枝蜜	96.4	94	75.2	65.6
龙眼蜜	71	79	86.2	60
洋槐蜜	75	67.2	67.2	58.2
杂蜜	74.8	66	62.6	48.8
枸杞蜜	62.4	64	74.6	63.4
枣花蜜	69.8	63.4	57.2	48
荆条蜜	72.2	58.4	51	48
紫云英蜜	58.4	55.2	51.6	50.6

数据来源：作者调查

2. 城市间价格差异

价格水平的地区差异存在于任何一个大国①，地区间价格水平的差距、收敛性是判断国内市场整合程度的重要指标。随着物流业发展，中国食品价格在不同城市之间的平均差异正在缩小，食品平均价差保持在1%~2%，其中蔬菜、水产等生鲜食品的价差略高，肉类、蛋类、粮油类等易储存、运输食品价差略低。从2012—2015年每个城市普通蜂蜜平均价格差异率看，平均差异率已达13%②，远远高于城市间地区食品价格差异。

笔者选择A，B，C三种国内市场占有率高的国产蜂蜜进行价格比较。A品牌枣花蜜在北京不同销售地点价差为1.7%，荆条蜜在北京市不同销售地点价差为3.9%；北京市和青岛市洋槐蜜价差为18.5%，杭州市和成都市杂蜜价差为3.4%。B品牌紫云英蜂蜜北京市和成都市价差为21.6%，北京市、郑州市、成都市枣花蜜价差为21%，北京市、郑州市、成都市洋槐蜜差价为6%，洋槐蜜在成都市内差价为3.7%。C品牌紫云英蜜在杭州和郑州市所获得价格相同，北京市、杭州市、郑州市洋槐蜜价差为9%，北京市、杭州市、青岛市杂蜜价差10%，椴树蜜杭州市、郑州市、成都市价差5%（表3）。

表3　普通蜂蜜城市间平均价格差异率

	2015 年	2014 年	2013 年	2012 年
5 城市平均价格差异率（%）	8.17	16.9	18.8	8.2

数据来源：作者调查数据计算

① 中国地区价格的空间相关性及传导差异的因素分析，张明、谢家智，2012。

② 应用几何平均法计算出每年每个调查城市普通蜂蜜平均价格的价格差异率。

3. 销售地点价格差异

本文选择超市、商场内的蜂产品专柜以及蜂产品专卖店调研。通常认为超市是居民购买生鲜和日用品场所，其价格定位为大众普通消费。商场内蜂产品专柜应与商场销售的其他产品的目标定位类似，专卖店商品价格应与其品牌产品品质、产品定位相符。从调查数据看，超市蜂蜜产品价格分布最分散，以每千克蜂蜜 40~70 元的中档定价居多；商场专柜蜂蜜产品价格分布较为平均，但低价商品明显比超市比例小，73%以上的商品定价超过了每千克 70 元；专卖店蜂蜜产品每千克定价几乎全部超过 40 元，中档、中高档和高档价位商品分别占 25.4%、43.5%、31.1%。商场专柜商品和专卖店商品整体价格高于超市蜂蜜商品（表 4）。

表 4　不同销售地点价格分布

销售地点分类	单价分布					均价
	20 元以下	20.1~40 元	40.1~70 元	70.1~100 元	100 元以上	
超市商品	1.6%	23.4%	50.9%	17.1%	6.9%	60.8 元
商场专柜商品	0	2.4%	23.6%	32.7%	41.3%	110.4 元
专卖店商品	0	1.1%	25.4%	43.5%	31.1%	104.2 元

数据来源：作者调查；单价分布为单价价格区间内样本数除以总样本数

四、蜂蜜价格差异影响因素检验

价格差异现象是许多商品的市场特征，农产品价格差异可以分为成本差异和非成本差异，成本差异包括生产成本差异、物流成本差异和销售成本差异，非成本差异主要包括口碑、信誉、消费者认知等。本文使用 R 软件，对 2012—2015 年蜂产业体系经济岗课题组在北京、杭州、青岛、郑州、成都 5 城市的价格信息及其与成本相关的指标进行相关性分析。

许多经验研究验证了价格差异体现了产品异质，即生产优质商品所需要的社会必要劳动时间多，其商品价值高、价格高。然后，价格差异还来自消费者对产品的认知，就农产品来说主要包括农产品产地、品种、生产方式、产品品牌等客观信息，以及消费者对产品效用的主观认知（例如对有机农产品、具有保健功能农产品的认知）。价格差异还受地区间购买力水平差异、媒体导向、经济形势、社会环境等因素影响。此外，厂商的差别定价也会造成产品价格差异，也就是“价格离散现象”，即同质产品的厂商市场定价不同，消费者价格搜寻意愿和成本决定价格离散程度。

$$\begin{cases} U = \alpha_1 X_1 + \alpha_2 X_2 + \cdots + \alpha_p X_p \\ V = \beta_1 Y_1 + \beta_2 Y_2 + \cdots + \beta_p Y_p \end{cases}$$

本研究采用典型相关分析方法分析价格与消费行为、购买力等指标的相关性，利用以上公式找出 X 组变量的线性组合 U 和 Y 组变量线性组合 V 并通过调整系数是的变量 U 和 V 的相关性达到最大。使用 R 软件中的内置函数，先将较多变量转化为少数几个典型变量，再通过其间的典型相关系数来综合描述两组多元随机变量之间关系（表5）。考虑到数据的可获得性，本研究使用每个城市蜂蜜单位平均价格作为 X 系列，依次为：每千克洋槐、枣花、荆条、紫云英、椴树蜜价格；Y 系列为消费水平指标和成本指标。依次为：居民食品消费指数、居民非食品消费指数、城镇居民人均可支配收入、人口密度作为销售区域市场特征差异指标，商品房平均销售价格作为流通成本差异指标。

$$\begin{cases} U_1 = 0.316^{***} X_1 + 0.296^{***} X_2 - 0.536^{***} X_3 + 0.504^{***} X_4 + 0.261^{***} X_5 \\ U_2 = -0.463^{***} X_1 + 0.430^{***} X_2 + 0.696^{***} X_3 + 0.385^{***} X_4 + 0.223^{**} X_5 \\ U_3 = 0.369^{**} X_1 + 0.174 X_2 - 0.133 X_3 - 0.782^{***} X_4 + 0.414^{***} X_5 \\ U_4 = 0.961^{***} X_1 - 0.315 X_2 + 0.587^{**} X_3 + 0.385 X_4 - 0.672^{**} X_5 \\ U_5 = -0.385 X_1 + 1.370 X_2 - 0.535 X_3 - 0.031 X_4 - 0.898 X_5 \end{cases}$$

$$\begin{cases} V_1 = -0.322 Y_1 + 0.056^{***} Y_2 + 1.417^{***} Y_3 + 0.562^{***} Y_4 - 1.753^{***} Y_5 \\ V_2 = 0.513 Y_1 + 0.146^{***} Y_2 + 1.499 Y_3 + 1.309^{**} Y_4 - 0.723 Y_5 \\ V_3 = 0.933 Y_1 + 0.539^{**} Y_2 + 1.703 Y_3 - 0.061 Y_4 - 0.833 Y_5 \\ V_4 = 3.237^{*} Y_1 + 0.427 Y_2 - 4.131 Y_3 - 2.534^{*} Y_4 + 4.710^{***} Y_5 \\ V_5 = 3.479 Y_1 + 0.497 Y_2 + 4.912 Y_3 + 2.075 Y_4 + 1.136 Y_5 \end{cases}$$

表5　相关系数

$\rho(U_1, V_1)$	0.9997
$\rho(U_2, V_2)$	0.9846
$\rho(U_3, V_3)$	0.9609
$\rho(U_4, V_4)$	0.6017
$\rho(U_5, V_5)$	0.5635

五、结论及讨论

从回归结果来看，蜂农收益对蜜蜂产品定价影响不显著，蜂业产业链结构不完善，制约了蜂业综合效益提高。优劣原料蜜混收、混装、混销的情况时有发生。加之国内蜂产品质量标准一直低于国际标准，关系到蜂蜜品质的生产地、灌装地、蜜源、是否浓缩、淀粉酶等信息在商品上没有清晰标出，消费者无法从产品标示信息中分辨质量差异。销售终端出现“柠檬市场”现象，企业宁可花大力气改良包装、打通营销渠道，也不愿意建立高品质原料收购渠道或生产基地。蜂农生产高品质原料蜜不能以合理的高收购价格卖给生产商。

非食品消费指数与价格相关性高于食品消费指数与蜂产品定价相关性，说明蜂产品的保健属性强于其食品属性。蜂蜜在消费者心目中的定位应是保健品，而非食品，其价格的离散程度高于一般食品的离散度。价格数据的统计分析部分说明，不同蜜种价格差异，同品牌同产品城市间价格差异以及所有普通蜂蜜产品不同销售地点的价格差异都很大。笔者试图通过模型检验价格差异是否源于流通效率，而选取的城镇单位就业人员平均工资、商品房平均销售价格指标不显著，而人口密度对销售成本的影响要大于以上两个因素。

综上，蜂蜜产销过程中应利用产品溯源体系，将采集蜜源种类、地点、生产周期、蜂群管理等关系到蜂蜜品质的指标纳入产品溯源信息中，即便于消费者区分商品品质，建立差异化竞争环境，促进优质优价机制形成。可以鼓励商家组织消费者参观生产基地、参加生态旅游，让顾客实地了解蜂蜜生产方式、流程，为顾客讲解蜜蜂酿蜜的相关知识。提高顾客对蜂蜜保健功能的认知度，促进蜂产品营销。因此，农产品差异化竞争策略的关键在于市场细分的前提下开展有针对性的营销策略，通过标准化、可追溯、认证等途径更多地传递给消费者更多的有别同类产品的信息，将产品差异化转化为比较优势，培育和提高农产品的竞争优势。

参考文献

陈玛琳，高芸，赵芝俊 . 2013. 2012 蜂产品销售市场分析与建议 [J]. 中国蜂业 .

高芸，赵芝俊 . 2015. 具有保健功能农产品定价策略分析 [J]. 中国农学通报，31 (20)：76-81.

高芸 . 2012. 北京蜂蜜产品价格调查报告 [J]. 中国蜂业 .

薛毅，陈立萍 . 2007. R 统计建模与 R 软件 [M]. 北京：清华大学出版社，464-473.

余芳东 . 2013. 中国购买力平价（PPP）数据的合理性论证 [J]. 统计研

究，30（11）：39-43.

张明，谢家智 . 2010. 中国地区价格的空间相关性及传导差异的因素分析——基于动态空间面板模型的实证研究 [J]. 财经研究（3）：93-104.

消费者网购蜂蜜意愿的影响因素研究①
——基于问卷调查的实证分析

徐国钧[1]　李建琴[2]　刘浩天[1]②

（1. 福建农林大学蜂学学院；2. 浙江大学经济学院）

摘　要：本文基于529份问卷调查的结果，采用信度检验、效度检验、卡方检验和二元 Logistic 回归模型分析消费者对蜂蜜网购意愿的影响因素。研究发现：月收入、职业和网络环境因素是消费者网购蜂蜜意愿的主要影响因素。而性别、年龄、文化程度、蜂蜜网店认知以及蜂蜜网络营销认可度不是消费者网购蜂蜜意愿的影响因素。为了尽快提高消费者对蜂蜜行业的信心，提出了有效打击蜂蜜掺假、取缔和遏制"假蜜合法化"，企业应采取"精品"战略和"名牌"战略等切实可行的建议。

关键词：消费者；蜂蜜；网购意愿；调查问卷；影响因素

① ［基金项目］国家现代蜂产业技术体系建设专项（No. CARS-45-KXJ20）

② ［作者简介］徐国钧，男，副教授，硕士，主要从事蜂业经济研究。李建琴，女，浙江大学经济学院教授，硕士生导师，经济学博士，主要从事产业经济、规制经济和行业组织研究。

A study on influencing factors of consumers' online shopping intensions of honey

——empirical analysis based on questionnaire surveys

Xu Guojun[1] Li Jianqin[2] Liu Haotian[1]

(1. College of Bee Science, Fujian Agriculture & Forestry University;
2. College of Economics, Zhejiang University)

Abstract: Based on the result of 529 questionnaire surveys, influential actors affecting consumers' online shopping intensions of honey were investigated using reliability test, validity test, chi - square, and binary logistic regression model. Our findings showed that monthly income, career and network environment were the major influence factors affecting consumer's shopping intensions of honey, while gender, age, degree of education, cognition of online store of honey and recognition of network marketing of honey are not influential factors. In this study, in order to enhance consumers' confidence on honey industry, we proposed some cogent and feasible suggestions, such as effective attack of honey adulteration, ban and restraint of legalization of fake honey, boutique strategy and famous brand strategy of companies.

Keywords: consumer; (bee) honey; online shopping intention; questionnaire survey; influential factors

一、引言

从经济学理论上看，蜂蜜是一种需求收入弹性大、需求价格弹性小的商品，即蜂蜜是一种随着收入水平上升而需求增加的产品，且消费者看重的是品质而不太在意价格。事实证明，近十几年来，随着我国居民收入水平的上升和消费结构的升级，国内消费者对蜂蜜的需求也逐年上升，而且对蜂产品的需求由过去单一的蜂蜜，发展为多品种的单花蜂蜜、蜂王浆、蜂花粉、蜂胶等，且消费量逐年增多。2002 年中国内销蜂蜜 18.9 万 t，超过美国的 16.6 万 t，真正成为世界上第一大的蜂产品消费国[1]。但现实生活中，因为 GB14963—2011《国家食品安全标准——蜂蜜》主要强调蜂蜜的安全性指标，对蜂蜜质量品质的理化指标要求很低、特别是对掺假蜂蜜不做具体的要求。而 GH/T18796—2012 虽然对蜂蜜的品质和蜂蜜掺假有所要求，但却是行业的推荐性标准，这给造假者留下了空间。还有《食品生产许可实施细则——蜂产品》即 QS 和 SC 中，又允许蜂产品公司生产蜂制品，如洋槐蜜糖、洋槐蜜膏、女人蜂露、男人蜂宝等产品。这些产品主要成分是糖浆，但又可以“合法”地与蜂蜜产品一起摆在各大超市的货架上，使消费者真假难辨。从而导致了整个行业“失信”严重，行业从业者苦不堪言。

那么普通的消费者如何选购到质量品质好的蜂蜜？在电子商务蓬勃发展的今天，消费者是否愿意通过网络来购买到合格的蜂蜜？其主要的影响因素有哪些？

2016 年，我国网络购物用户有 4.67 亿，其中手机网络购物用户占 63.4%，比 2015 年增长 29.8%。2016 年我国网络零售商品交易额为 4.19 万亿元，占据社会消费品零售总额的 12.6%[2]，网络购物已经广泛渗透至广大消费者的日常生活和工作当中。网络销售的蜂蜜也不断增加，2015 年 11 月 11 日，天猫平台医药馆当天销售蜂蜜 269.8t，创吉尼斯世界纪录①。

目前，已有对我国蜂蜜电子商务的相关研究主要有两方面：一是从 2013 年起，中国蜂产品协会在每年《中国蜂产品行业年度发展报告》中对我国蜂产品网络销售情况进行简单的总结，主要包括：在淘宝、天猫、京东等平台销售蜂产品的厂家数量以及在各省市（自治区）的分布情况、蜂产品在线销售的件数、价格、销量排名、品牌排名等②。二是某些厂商的网上销售方面的经验和体会。而直接从消费者角度研究网上购买蜂蜜或其他蜂产品的相关文章几乎没有。从 2000 年开始，国内学者们开始从消费者角度来进行网购意愿和行为的研究，并且已经研究出消费者对茶叶、生鲜蔬菜等购买意愿的影响因素。结果表明：对不同行业，不同产品，甚至不同农产品的消费者购买意愿的影响因素都不尽相同[3-4]。

因此，我们认为有必要对消费者网购蜂蜜意愿的影响因素进行研究。希望借此了解我国消费者网购蜂蜜的特点，为蜂蜜生产者和经营者在实施网络销售时提供参考，也为广大普通消费者在网上购买到合格的蜂蜜提供帮助。

---

① 数据来源：中国蜂产品协会，中国蜂产品行业年度发展报告（2015 年度），第 129 页。

② 数据来源：中国蜂产品协会，中国蜂产品行业年度发展报告（2013—2015 年度）。

二、数据来源与结果的信度、效度分析

（一）调查问卷的设计

利用已构建的经典消费者决策模型和网购消费模型的要求，结合蜂蜜行业的特点和蜂蜜本身的特性，将消费者网络购买蜂蜜意愿的影响因素归结为人口学变量、蜂蜜网店认知、网络环境、蜂蜜网络营销认可度等四个方面，并以此为基础设计出包括 21 个问题的调查问卷，通过第三方平台“问卷星”进行网络问卷调查，共调查了 535 个调查对象，有效问卷为 529 份，有效率 98.9%（表 1）。

表 1　调查对象的人口学特征分布情况

变量	类别	人数（人）	百分比（%）
性别	男	256	48.4
	女	273	51.6
年龄	25 岁及以下	107	20.2
	26~35	243	45.9
	36~45	121	22.9
	46~55	45	8.5
	56 岁及以上	13	2.5
职业	企业工作人员	286	54.1
	机关事业单位工作人员	116	21.9
	个体商户	36	6.8
	学生	73	13.8
	无职业者	4	0.8
	其他	14	2.6
文化程度	初中及以下	9	1.7
	高中（职）	72	13.6
	大学及以上	448	84.7
月收入	2 500 元以下	86	16.3
	2 500~4 000 元	110	20.8
	4 000~6 000 元	175	33.1
	6 000~9 000 元	99	18.7
	9 000 元以上	59	11.2

（二）调查对象的人口学特征

对 529 位调查对象人口学特征的基本情况进行描述与分析，由表 1 可知：

①男女比例：调查对象中男性和女性的人数分别为 256 和 273 人，所占

的比例分别为48.4%和51.6%，近似接近于1：1，这说明了调查具有一定的随机性。

②年龄结构：调查对象中45岁及以下者人数最多，总人数为471人，占比为89.0%，其中26~35岁的243人，占比为45.9%。调查对象随着年龄增长其比率也随之下降，这一数据的变化趋势与中国互联网络信息中心2016年发布的第38次网民结构的调查结果相吻合[5]。

③职业：职业最多是企业工作人员，为286人，占比为54.1%，其次是机关事业单位工作人员为116，占比21.9%。两者合计占比76%。

④受教育程度：调查对象的文化程度大多为大学及以上，占比高达84.7%。

⑤月收入：调查对象的月收入在4 000~6 000元的最多，为175人，占比为33.1%。

（三）调查问卷的信度和效度分析

在对问卷结果分析之前，各变量的相关分析和检验是必不可少的，它包括变量信度和效度的检验。

本文采用克朗巴哈系数（Cronbach's α）来检验调查问卷量表的信度：①当Cronbach's α>0.7时，说明量表的信度很好；②当Cronbach's α介于0.6~0.7时，说明信度较好；③当Cronbach's α<0.6时，则需要重新修订量表。

本文对调查问卷量表的结构效度进行KMO检验和Bartlett球形检验：①当KMO度量值>0.7时，说明量表非常适合进行因子分析；②当KMO度量值介于0.6~0.7时，说明较适合进行因子分析；③当KMO度量值<0.6时，则不适合进行因子分析。同时，根据统计学的要求，当Bartlett球形检验卡方统计的 P 值在10%显著性水平下显著，则表明问卷样本数据相关性较高，适合做因子分析。

第一，调查问卷的信度分析。本文所设计的网上购买蜂蜜意愿调查问卷中包含了影响购买意愿的蜂蜜网店认知（6个问题）、网络环境（5个问题）、蜂蜜网络营销认可度（4个问题）3个维度量表，分别对这3个量表与总量表进行信度分析，结果如表2所示。

表2　调查问卷的信度检验

量表类型	Cronbach's α	项数
网店认知	0.817	6

（续表）

量表类型	Cronbach's α	项数
网络环境	0.770	5
网络营销	0.677	4
总量表	0.897	15

由表2可以看出，蜂蜜网店认知和网络环境两个量表的Cronbach's α分别为0.817和0.770，均大于0.7，说明这两个量表的信度好；蜂蜜网络营销认可度量表的Cronbach's α系数为0.677，介于0.6~0.7，说明该量表的信度较好；总量表的Cronbach's α为0.897，大于0.7，信度也很好。这表明本研究量表的数据是可信的。

第二，调查问卷的效度分析。对影响购买意愿的蜂蜜网店认知（6个问题）、网络环境（5个问题）、蜂蜜网络营销认可度（4个问题）3个维度量表以及总量表进行结构效度检验，结果如表3所示。

表3　调查问卷的效度检验

量表类型	KMO度量	Bartlett球形度检验	*P*值
网店认知	0.840	946.503	0.000***
网络环境	0.785	647.499	0.000***
网络营销	0.722	308.569	0.000***
总量表	0.934	2 821.574	0.000***

注："*""**""***"分别表示在10%、5%、1%水平下显著

由表3可以看出，蜂蜜网店认知、网络环境和蜂蜜网络营销认可度量表的KMO值分别为0.840、0.785和0.722，均大于0.7；且Bartlett的球形度检验值对应的*P*值为0，都在1%的显著性水平下显著，这说明三者的量表结构效度很好。总量表的KMO值为0.934，也大于0.7；并且Bartlett的球形度检验值对应的*P*值为0，在1%的显著性水平下显著，这说明总量表效度很好。由此表明本研究量表的数据很适合做因子分析。

三、人口学特征的差异性分析

为了更好地处理数据，首先对涉及的人口学各因素进行检验，制作人口学变量与网购蜂蜜意愿的交叉列联表并进行卡方检验，结果如表4和表5所示。

表 4　性别、职业、年龄、文化程度、月收入与网购蜂蜜意愿的交叉列联表

项目	是否意愿网购蜂蜜	数量和比例						合计
性别		男	女					
	否	41	38					79
		16. 0%	13. 9%					
	是	215	235					450
		84. 0%	86. 1%					
	合计	256	273					529
		48. 4%	51. 6%					100%
职业		企业工作人员	机关事业单位	个体商户	学生	无职业者	其他	
	否	27	13	3	31	0	5	79
		9. 4%	11. 2%	8. 3%	42. 5%	0. 0%	35. 7%	
	是	259	103	33	42	4	9	450
		90. 6%	88. 8%	91. 7%	57. 5%	100%	64. 3%	
	合计	286	116	36	73	4	14	529
		54. 1%	21. 9%	6. 8%	13. 8%	0. 8%	2. 6%	100%
年龄		25 岁及以下	26~35 岁	36~45 岁	46~55 岁	56 岁及以上		
	否	40	14	10	11	4		79
		37. 4%	5. 8%	8. 3%	24. 4%	30. 8%		
	是	67	229	111	34	9		450
		62. 6%	94. 2%	91. 7%	75. 6%	69. 2%		
	合计	107	243	121	45	13		529
		20. 2%	45. 9%	22. 9%	8. 5%	2. 5%		100%
文化程度		初中及以下	高中（职）	大学及以上				
	否	1	15	63				79
		11. 1%	20. 8%	14. 1%				
	是	8	57	385				450
		88. 9%	79. 2%	85. 9%				
	合计	9	72	448				529
		1. 7%	13. 6%	84. 7%				100%
月收入		2500 元以下	2 500~4 000 元	4 000~6 000 元	6 000~9 000 元	9 000 元以上		
	否	37	21	13	7	1		79
		43. 0%	19. 1%	7. 4%	7. 1%	1. 7%		
	是	49	89	162	92	58		450
		57. 0%	80. 9%	92. 6%	92. 9%	98. 3%		
	合计	86	110	175	99	59		529
		16. 3%	20. 8%	33. 1%	18. 7%	11. 2%		100%

表 5 性别、职业、年龄、文化程度、月收入与网购蜂蜜意愿交叉列联表的卡方检验

项目	检验统计量	自由度	P 值
性别	0.307	1	0.580
职业	58.316	5	0.000***
年龄	68.549	4	0.000***
文化程度	2.344	2	0.310
月收入	75.629	4	0.000***

注："*""**""***"分别表示在10%、5%、1%水平下显著

由表 4 和表 5 可以看得出以下结论。

（1）性别：调查对象中女性和男性有网购蜂蜜意愿的比例分别为 86.1%和 84.0%。由卡方检验结果可以看出卡方统计量的值为 0.307，对应的 P 值为 0.580，在 10%显著水平下不显著，说明不同性别的调查对象网购蜂蜜的意愿没有显著性差异（$P>10\%$）。

（2）职业：职业为"无职业者"的调查对象有网购蜂蜜意愿的比例最高，为 100.0%，但只占调查对象 0.8%。而职业为"企业和机关事业单位工作人员"分别占调查对象的 54.1%、21.9%，且有网购蜂蜜意愿的比例分别 90.6%和 88.8%。职业为"学生"的调查对象有网购蜂蜜意愿的比例最低，为 57.5%。总体来看，存在一定的差异。由卡方检验结果可以看出，卡方统计量的值为 58.316，对应的 P 值为 0.000，在 1%的显著水平显著，由此证明了不同职业的调查对象网购蜂蜜意愿存在显著差异（$P<1\%$）。

（3）年龄：26~35 岁的调查对象有网购蜂蜜意愿的比例最高为 94.2%，其次是 36~45 岁的调查对象有网购蜂蜜意愿的比例为 91.7%；而且两者占调查对象的比例分别为 68.8%。而 25 岁及以下的调查对象有网购蜂蜜意愿的比例最低，为 62.6%。总体来看，存在一定的差异。由卡方检验结果可以看出卡方统计量的值为 68.549，对应的 P 值为 0.000，在 1%的显著水平下显著，由此说明不同年龄的调查对象对网购蜂蜜意愿的影响有显著性差异（$P<1\%$）。

（4）文化程度：文化程度为"初中及以下"的调查对象有网购蜂蜜意愿的比例最高，为 88.9%，其次是文化程度为"大学及以上"的调查对象有网购蜂蜜意愿的比例为 85.9%，但其占调查对象的比例为 84.7%；文化程度为"高中（职）"的调查对象有网购蜂蜜意愿的比例最低，为 79.2%。总体来看，差异较小的。而由卡方检验结果可以看出卡方统计量的值为 2.344，对应的 P 值为 0.310，在 10%的显著水平下不显著，这说明不同文化程度的调查对象对网购蜂蜜意愿的影响没有显著性差异（$P>10\%$）。

（5）月收入：月收入为“9 000元以上”的调查对象有网购蜂蜜意愿的比例最高为98.3%，其次是月收入为“6 000~9 000元”和“4 000~6 000元”的调查对象有网购蜂蜜意愿的比例分别为92.9%和92.6%；收入为“2 500元以下”的调查对象有网购蜂蜜意愿的比例最低为57.0%。总体来看，收入越高网购蜂蜜意愿越强。由卡方检验结果可以看出卡方统计量的值为75.629，对应的P值为0.000，在1%显著性水平下显著，说明不同月收入的调查对象对网购蜂蜜意愿的影响有显著性差异（$P<1\%$）。

因此，选出有显著性差异的职业、年龄、月收入三个因素进一步做二元Logistic回归模型分析。

四、计量模型的选择

（一）变量设置

本研究的因变量是消费者网购蜂蜜的意愿，但是消费者网购蜂蜜的意愿只有买或者不买，所以只有此两种结果，是一个二分类变量，可以使用0、1两个变量来进行赋值。

（二）计量模型的选择

设置有意愿网购蜂蜜的为1，不愿意网购蜂蜜的为0。所以可以选择二元Logistic模型进行分析。该计量模型表达式为：

$$Logit(p) = ln\frac{P_i}{1-P_i} = \beta_0 + \beta_1 X_1 + \cdots\cdots + \beta_i X_i$$

在该公式当中，P_i代表的是某位消费者i网购蜂蜜的概率，$1-P_i$是不愿意网购蜂蜜的概率，$P_i/(1-P_i)$则是该消费者i网购蜂蜜与不网购蜂蜜概率的比值，也就是该消费者网购蜂蜜的机会比率，β_i是第i个自变量的估计参数，X_i是模型的自变量，表示的是影响消费者是否有意愿网购蜂蜜的第i个因素。

五、结果分析

利用SPSS22.0软件对收集到的529份样本数据进行处理，并将调查对象中通过卡方检验挑选出来的对网购蜂蜜意愿影响有显著性差异的年龄、职业、收入三个因素与网店认知、网络环境和网络营销这三个因素一同作为自变量，将是否有意愿网购蜂蜜做为因变量进行二元Logistic回归模型分析，模型拟合的结果如表 6 所示。

表 6　消费者网购蜂蜜意愿影响因素的二元 Logistic 回归模型估计结果与检验

变量	回归系数	Wals	P 值
常数项 C	-2.693	10.203	0.001***
年龄	0.054	0.143	0.705
职业	0.236	4.953	0.026**
月收入	0.843	25.929	0.000***
网店认知	-0.083	1.865	0.172
网络环境	0.364	23.307	0.000***
网络营销	-0.064	0.505	0.477
模型检验	统计值		P 值
-2 对数似然值	343.642		—
Cox & Snell R^2	0.176		—
NagelkerkeR^2	0.309		—
模型卡方检验	102.369		0.000***

注：“*”“**”“***”分别表示在 10%、5%、1%水平下显著

（一）回归方程整体的显著性高

由表 6 可以看出，二元 Logistic 回归模型的最大似然平方的对数为 343.642，模型整体的卡方检验统计量为 102.369，对应的 P 值为 0.000，在 1%的显著性水平下显著，说明了回归方程整体的显著性极高，符合讨论条件。

（二）对消费者网购蜂蜜意愿影响不显著的因素

由表 4、表 5 可知，性别和文化程度的 $P>10\%$，而由表 6 可知，年龄、蜂蜜网店认知、蜂蜜网络营销的 P 值分别为 0.705、0.172、0.477，$P>10\%$，这些因素对消费者网购蜂蜜意愿的影响不显著（$P>10\%$）。

（三）职业对消费者网购蜂蜜意愿的影响显著

由表 6 可知，职业这一因素的 P 值为 0.026，在 5%的显著性水平下显著，因此说，职业这一因素是网购蜂蜜意愿的主要影响因素之一。从表 4、表 5 可知，企业和机关事业单位工作人员愿意网购蜂蜜的比例分别 90.6%和 88.8%，两者占调查对象的 76%，说明他们网购蜂蜜的意愿强烈且比例高（$P<5\%$）。

(四) 月收入情况对消费者网购蜂蜜意愿的影响显著

由表6可知，月收入情况这一因素的P值为0.000，在1%的显著性水平下极显著，因此可以说，月收入情况是网购蜂蜜意愿的主要影响因素之一。月收入的回归系数为0.843，相关性为正，说明参与调查对象认为月收入每增加1%，其网购蜂蜜的意愿就会增加0.84%（$P<1\%$）。

(五) 网络环境因素对消费者网购蜂蜜意愿的影响显著

由表6可知，网络环境这一因素的P值为0.000，在1%的显著性水平下显著。因此说，网络环境因素是网购蜂蜜意愿的主要影响因素之一。另外，网络环境的回归系数为0.364，相关行为正，所以说明参与调查对象认为网络环境越好，其网购蜂蜜的意愿就越强（$P<1\%$）。

进一步对网络环境中所包含的3个子问题进行分析。

① 物流发达程度和交通拥挤情况与网购蜂蜜意愿的影响分析。在调查对象对于“居住地物流（快递）发达会影响网上购买蜂蜜”这一问题的回答当中，86.59%的调查对象表示非常同意或同意。说明物流的发达情况与消费者网购蜂蜜的意愿影响很大。

在交通拥挤方面，因为交通拥挤给消费者造成不便，65.92%的调查对象非常愿意或愿意转为网购蜂蜜。根据米文科技发布的《蜂蜜——2016年8月份淘宝天猫电商数据行业分析报告》销量前几名的品牌都是大型商超当中常见的品牌：康维他、百花、冠生园等[6]，这也与中国蜂产品协会发布的“2015年中国蜂产品电子商务十佳品牌”基本吻合①。这些品牌都同时开展线上线下业务，为消费者购买本品牌的产品提供更多的便利。

② 已用用户评价与网购蜂蜜意愿的影响分析。已用用户的评价在调查研究中包括亲朋好友的推荐和购物网站已购买用户的评价。82.12%的调查对象非常认可或认可亲朋好友的推荐会让他们直接去搜索相应的店铺而完成购买。82.68%的调查对象非常认可或认可已用用户的评价，这一环境因素对他们网购蜂蜜时起着重要的作用。

③ 网络支付环境安全性与网购蜂蜜意愿的影响分析。89.94%的消费者认为目前的网络支付是安全的。网络支付安全性越高，对网购各种产品包括蜂蜜的正向影响也会越高。

① 数据来源：中国蜂产品协会，中国蜂产品行业年度发展报告（2015年度），第127页。

六、结论与建议

（一）主要结论

本文基于网上问卷调查的结果，采用信度检验、效度检验、卡方检验和二元 Logistic 回归模型分析消费者网购蜂蜜意愿的影响因素。结果如下。

① 性别、年龄、文化程度、蜂蜜网店认知、蜂蜜网络营销都不是消费者网购蜂蜜意愿的影响因素。这说明蜂蜜网上销售的目标消费者群中可以不考虑性别、年龄和文化程度。同时，消费者对蜂蜜网店的认知、网店的营销策略并不是特别关心，即消费者对蜂蜜商家完善的产品介绍、美观的店铺装修、更为前排的显示等一系列行为并不会使他们因此而相信商家的蜂蜜品质，也就不会产生强烈的购买意愿。这一结果也反映出了一个深层次而仍没有解决的问题，即整个蜂蜜行业的“失信”问题。

② 企业和机关事业单位工作人员是网购蜂蜜的主要目标消费群。

③ 月收入情况越高，其网购蜂蜜的意愿就越强。这主要是因为蜂蜜属于传统“药食同源”的营养滋补品，收入较高的人保健意识更强，对于蜂蜜的需求量就越大。根据米文科技发布的报告，康维他（Comvita）以 9.9%的市场占有率成为淘宝天猫平台上销量第一的蜂蜜品牌，而且，产品均价高达 257 元/500g[6]。这说明蜂蜜就是一种需求收入弹性大、需求价格弹性小的商品，国内的消费者很注重蜂蜜品质而并不在乎蜂蜜的价格。

④ 已用用户评价对网购蜂蜜意愿有着正向的影响，而这正是与现实中蜂蜜行业的“失信”问题相关。可以说，网购蜂蜜的消费者不相信商家的宣传而更相信店铺中已用用户的评价，特别是亲朋好友的直接推荐。当然，物流越发达，网络支付环境越安全性，消费者网购蜂蜜的意愿也越高。另外，城市交通越来越拥挤，消费者网购蜂蜜的意愿也越来越高。

（二）建议

根据以上结论，为了进一步规范行业的秩序和更好地发展蜂蜜的电子商务，提出的建议如下。

① 政府有关部门应进一步加强蜂蜜相关的法律法规和标准建设，加强科技投入，集中行业科研力量，尽快有效突破掺假蜂蜜的检验技术。迫切需要重新修订《蜂产品生产许可证审查细则》，取消或限制蜂制品的生产。特别是蜂蜜制品，可以采取以下切实可行的措施。1）在商品名附近标注相同字号的

“非蜂蜜”字样，如“洋槐蜜糖（非蜂蜜）”；2）在商品名附近标注相同字号的“主要配料比例”字样，如“洋槐蜜糖（蜂蜜20%，糖浆80%）”等。总之，必须采取有力的措施来打击“假蜂蜜”和“假蜂蜜合法化”，尽快恢复消费者对蜂蜜的信心。

② 企业在利用网络平台进行蜂蜜销售时，要采取“精品”战略和“名牌”战略。在保证产品质量的同时，要针对高收入群体网购蜂蜜的特点，组织生产高品质的蜂蜜在网上销售。另外，也要注重服务质量，时刻关注消费者的诉求，以便获得消费者的认可和良好的评价，让消费者产生信任感和偏爱度，树立起企业的品牌。

参考文献

[1] 徐国钧，顾国达，李建琴．基于CMS模型的中国蜂蜜出口贸易研究［J］．中国蜂业，2015，66（7）：13-19.

[2] 商务部新闻办公室．2016年商务工作年终综述之四——加快电子商务创新发展推动商务信息化建设［J］．国际商务财会，2017（2）：18-20.

[3] 张国政，陈维煌，刘呈辉．网上购买茶叶的意愿研究——以长沙消费者为例［J］．市场周刊：理论研究，2014（2）：40-42.

[4] 邹俊．消费者网购生鲜农产品意愿及影响因素分析［J］．消费经济，2011，27（4）：69-72.

[5] 中国互联网络信息中心．第38次《中国互联网络发展状况统计报告》［J］．信息网络安全，2016（8）：89.

[6] 米文科技．蜂蜜2016年8月份淘宝天猫电商数据行业分析报告［EB/OL］．http：//mt. sohu. com/20160918/n468625883. shtml（2017-5-7）［2016-09-18］.

供给侧结构性改革背景下推进我国特色农业转型发展的思考①

——以蜂产业为例

张　柳[1]　孙战利[2]　张社梅[1,3]②

（1. 四川农业大学管理学院　成都　611130；2. 德国转型经济农业发展研究所　德国哈勒　06120；3. 四川省农村发展研究中心　成都　611130）

摘　要：从供需平衡、供给结构、供给效益和供给效率四个角度分析了我国蜂产业供给侧的特征，同时从要素供给、社会化服务和产业链三个方面分析了影响我国蜂产业发展的制约因素。研究发现：国际国内市场的拓展，促进了蜂产品消费量上升；消费结构的转型，带动了蜂产品消费需求升级；种植结构的改变，带来授粉需求的增加。基于以上研究，提出从调整产业结构、提升要素供给效率、创新经营机制、培育新产业新业态四方面推进我国蜂产业的转型升级。

关键词：蜂产业；特色农业；供给侧；转型升级；新产业新业态

引言

当前我国农业产业结构升级的速度跟不上消费结构升级的步伐，客观上要求进行农业供给侧结构性改革，2017 年中央一号文件更是明确指出要实施优势特色农业提质增效行动计划，促进特色养殖产业提档升级，把地方土特产和小品种做成带动农民增收的大产业[1]。

我国是中华蜜蜂的发源地，也是蜂产品生产大国和出口大国。作为我国

---

①　基金项目：国家自然科学基金项目（71673195）；现代农业产业技术体系项目（CARS-44-KXJ18）；四川省社会科学规划重大项目（SC17ZD06）。

②　作者简介：张柳（1995—），女，湖南醴陵人，硕士研究生，主要从事农业经济管理研究，E-mail：zhangliuleo@ sina. com；通讯作者：张杜梅（1978—），女，陕西宝鸡人，博士，研究员，博士生导师，主要从事农业技术经济研究，E-mail：zhangshemei@ 163. com。

的传统养殖业，蜂产业也是实现增产增收、出口创汇、维护生态环境的多功能绿色产业。凭借地域辽阔、蜜源资源和蜂种资源丰富、从业人员较多、蜂产品市场消费量大的优势，我国发展蜂产业具有很大的潜力。在深化农业供给侧结构性改革的大背景下，如何加快发展蜂产业、推进农业产业结构的优化，进而实现我国特色农业的转型升级还值得深入思考。本文主要对我国蜂产业供需结构是否合理以及供给侧结构特征进行研究，进一步提出供给侧结构改革背景下我国蜂产业转型发展的建议。

一、蜂产业供给侧特征分析

农业供给侧结构性改革的目标在于促进农产品供给品种和质量更加契合消费需要，使农业供需关系在更高水平上实现新的平衡。具体来说，就是消除无效供给，增加有效供给，减少低端供给，拓展高端供给。推进农业供给侧结构性改革，关键是从农业生产端入手，通过分析产业总量、结构、效率等供给侧的表征，深化各类要素供给的完善和创新农业生产经营体制机制[2]，最终实现高水平上的供需平衡。因此，本文将从我国蜂产业的供需总量、结构、效益、效率四个方面分析我国蜂产业供给侧特征。

（一）蜂产业供需特征

我国养蜂历史悠久，是世界传统养蜂大国。从区域分布上看，由于我国面积广阔，四季分明，蜜源植物丰富，除西藏高海拔地区外，全国各地均有饲养蜜蜂。从各主产省区来看，河南、浙江、四川是我国传统的养蜂大省，蜂蜜产量居全国前三位，其产量之和超过全国总产量的一半。

由表1可以看出，近十年来我国蜂蜜产量由33.3万吨增长到46.8万吨，增长率为43.3%。河南省的蜂蜜年产量在2008年实现了突破性的增长，达到10.25万吨的高位，一跃成为我国第一大蜂蜜生产省份，近五年来产量呈现微弱的下降趋势。浙江省蜂蜜年产量近9万吨，生产情况较为稳定。四川省年产量呈现增长趋势，增长速度却低于全国平均水平，始终维持在10%左右的全国占比水平上。

表1　2006—2015年三产区蜂蜜产量及占比　　（单位：万吨）

年份	全国	四川		浙江		河南	
2006	33.30	3.89	11.68%	8.60	25.83%	5.03	15.11%
2007	35.40	4.20	11.86%	8.96	25.31%	6.03	17.03%
2008	40.00	4.19	10.48%	8.53	21.33%	10.25	25.63%

（续表）

年份	全国	四川		浙江		河南	
2009	40.20	4.50	11.19%	8.81	21.92%	10.09	25.10%
2010	40.10	4.30	10.72%	7.21	17.98%	9.83	24.51%
2011	43.10	4.33	10.05%	7.83	18.17%	9.97	23.13%
2012	44.80	4.76	10.63%	8.76	19.55%	9.96	22.23%
2013	45.00	4.54	10.09%	8.00	17.78%	9.91	22.02%
2014	46.82	4.72	10.08%	8.77	18.73%	9.54	20.38%
2015	47.73	4.80	10.06%	8.79	18.42%	9.40	19.69%

数据来源：2007—2016《中国统计年鉴》

从消费情况来看，如表 2 所示，我国的蜂产品仍以内销为主，出口占比较低且主要出口低端产品、国际话语权低，因此，国内市场对于我国蜂产业的发展至关重要。在人均消费量上，近年随着人民生活水平的提高及保健意识的增强，天然的蜂蜜被越来越多的消费者认知与接受。2006 年国内蜂蜜消费量约 25 万吨，人均消费蜂蜜约 192 克，2015 年国内蜂蜜消费量达 34 万吨，人均消费量已达 247 克，十年间增长近 30%。但相对西方发达国家而言（美国年人均消费 500 克左右，德国年人均消费超过 1 000g)，我国的人均消费量还有很大的增长空间。加之我国消费人数是美国的 4 倍，欧洲的 2 倍，众多的人口使我国成为名副其实的蜂蜜消费大国。

表 2　2006—2015 年我国蜂蜜进出口量及年人均消费量

年份	进口（万吨）	出口（万吨）	国内消费（万吨）	人口（万人）	年人均消费量（g）
2006 年	0.08	8.11	25.23	131 448.00	191.96
2007 年	0.15	6.44	29.07	132 129.00	219.99
2008 年	0.20	8.49	31.71	132 802.00	238.77
2009 年	0.24	7.18	33.21	133 450.00	248.85
2010 年	0.22	10.11	30.21	134 091.00	225.26
2011 年	0.25	9.99	33.38	134 735.00	247.73
2012 年	0.34	11.02	34.16	135 404.00	252.29
2013 年	0.49	12.49	33.03	136 072.00	242.71
2014 年	0.58	12.98	34.42	136 782.00	251.62
2015 年	0.65	14.48	33.91	137 462.00	246.66

数据来源：2007—2016《中国统计年鉴》、我国海关

（二）蜂产业结构特征

在品种方面，我国蜂农以饲养西蜂为主。西蜂属于外来物种，体格大、繁殖能力强、喜爱追赶蜜源。相较于只能生产蜂蜜和蜂蜡的中蜂，西蜂可以生产蜂蜜、蜂蜡、蜂王浆、蜂胶、蜂花粉，并且善于利用大宗蜜源植物，酿

蜜时间短，产蜜量可以达到中蜂的数倍甚至十倍，因此倍受蜂农的青睐。

按照区域来看，我国蜂产业可以划分为东北、华东、华北、华中、华南、西南、西北七大片区。东北是我国优质椴树蜜主要的生产和出口基地，是我国蜜蜂种质资源保护和利用的重要基地；华东地区蜂王浆产量占全国总产量的50%以上，是我国蜜蜂饲养技术水平较高的地区之一，科研和加工力量雄厚，蜂产品生产种类齐全；华南和华中地区拥有年加工出口蜂蜜万吨以上的大型企业，是我国蜂蜜的重要加工和出口基地，蜂产品消费能力较强；西南地区蜜源植物和蜜蜂品种资源丰富，发展中蜂、西蜂饲养都有一定的优势和条件，是我国主要的蜜蜂繁育基地和蜂蜜生产基地之一；西北地区夏秋蜜源植物种植面积大，特色蜜源植物尚未得到充分利用，蜂群单产水平低。

在产品结构方面，仍然没有摆脱生产原料型的蜂蜜、蜂王浆、蜂胶、蜂花粉为主的产品结构。受种植结构调整、气候变化因素的影响，油菜蜜连续几年减产，紫云英蜜源也持续减少。与此同时，中蜂山花蜂蜜零售价格大大高于西蜂蜂蜜价格，偏远地区生产的蜂蜜价格高于城市周边生产的蜂蜜。中蜂蜜受到越来越多的关注，定地饲养、病害少、产质高的中蜂开始受到各界的重视。

从产业链来看，我国蜂产品行业产业链条短，附加值低。相比于世界最大工业用蜂蜜消费市场之一的美国（45%的蜂蜜被用于工业，主要用于食品制造业，10%用于家庭以外的食品服务业，其余45%为个人零星购买消费[3]），我国蜂产业还处在以销售原料型初级加工产品为主的阶段，品种单一、产品相似度大、附加值低。虽然，近几年一些企业开始经营蜂产品日化产品，尝试开拓蜂疗市场，但缺少技术和资金支持，仍处于起步阶段。

（三）蜂产业供给效益特征

对蜂产业进行成本收益分析发现，三省份的平均利润率均明显高于全国水平，其中浙江省蜂产业的平均利润率最高，达到189.43%，对比成本和收益可以得知，高收益是浙江蜂产业取得高效益的主要原因。河南省平均利润率为173.91%，2010—2012年，受天气和蜂病的影响，河南蜂产业成本上升、收益下滑，造成利润率下跌。四川蜂产业平均利润率为154.89%，通过对比分析发现，四川蜂产业利润率高于全国水平主要得益于较低的单位生产成本。四川的平均成本为278.61元/群，远低于浙江和河南，仅为全国水平的85%。但自2011年以来，四川的养蜂成本逐步攀升，收益的增长率却相对缓慢，因此，降成本提收益将成为四川蜂产业的重要发展方向。

蜜源植物对于蜂产品的供给效益具有一定影响。受低温阴雨天气影响，四川2012年第二季度柑橘蜜和第三季度油菜棉花产量和质量都有所下降，收益同比减少156元。油菜作为四川省境内最重要的蜜源植物之一，对于四川蜂产业的供给具有重要影响。然而近年来，受种植结构调整和天气的影响，油菜蜜源连续减少，蜂产品供给量下降，利润率有所下跌。浙江境内的主要蜜源紫云英近年来也出现连续减产，但表3中浙江的利润率没有显著下跌。其主要原因在于浙江是我国蜂王浆的主要产区之一，虽然省内蜂蜜供给量有所减少，但蜂王浆产量并没有显著下跌，销售价格也相对稳定。2011年浙江江山建立了国内首个蜜蜂授粉示范基地，当地对于蜜蜂授粉的需求增加，蜂农出售出租授粉蜂群的收入得以增加，进一步影响了利润率。

表3　成本收益表　　（单位：元/群）

	年份	2009	2010	2011	2012	2013	2014	2015	平均
四川	成本	285.83	288.21	246.16	252.53	286.76	312.16	—	278.61
	收益	697.88	703.69	749.93	593.89	728.44	787.07	—	710.15
	净利润	412.05	415.48	503.76	341.37	441.68	474.91	—	431.54
	利润率	144.16%	144.16%	204.64%	135.18%	154.03%	152.14%	—	154.89%
浙江	成本	475.78	480.30	401.90	425.01	467.97	437.46	511.62	457.15
	收益	950.31	1 142.46	1 287.36	1 371.70	1 402.92	1 256.56	1 833.35	1 320.67
	净利润	474.53	662.16	885.46	946.70	934.96	819.10	1 321.74	863.52
	利润率	99.74%	137.86%	220.32%	222.75%	199.79%	187.24%	258.35%	189.43%
河南	成本	362.19	379.85	341.33	360.16	329.56	286.33	286.66	335.15
	收益	922.02	819.34	789.47	908.20	1 048.14	896.14	953.59	905.27
	净利润	559.83	439.50	448.13	548.04	718.58	609.81	666.93	570.12
	利润率	154.57%	115.70%	131.29%	152.16%	218.04%	212.98%	232.66%	173.91%
全国	成本	302.44	320.38	291.56	320.12	332.14	338.16	377.88	326.10
	收益	558.48	650.72	657.56	645.85	793.89	922.10	874.19	728.97
	净利润	256.04	330.33	366.00	325.73	461.75	583.94	496.31	402.87
	利润率	84.66%	103.11%	125.53%	101.75%	139.02%	172.68%	131.34%	122.59%

数据来源：蜂产业技术体系产业经济课题组

如表4所示，2009—2014年，四川养一群蜂的平均成本为278.61元，浙江、河南、全国2009—2015年平均每群养蜂成本分别为457.15元、335.15元、326.1元，且四川和全国的生产成本均有明显的上涨趋势。生产资料成本包括蜂王蜂群的购买成本、蜂箱配件及蜂机具的购置租赁成本，三省份的生产资料成本占比均为8%左右，全国水平为9.84%，在用药喂食上则花费了56%~69%的成本。四川和浙江的雇工成本均超过7%，高于全国平均水平，河南的雇工成本则仅占1.49%。其中，四川和全国的单位雇工成本均呈现上涨趋势，表明蜂产业生产过程中的劳动力约束愈发凸显。四川的运输占地成本高于浙江、河南以及全国平均，达到78.35元和28.12%的平均占比水平，其主要原因在于四川及周边省区地形较为复杂，交通便利程度偏低，蜂农转地及运输成本相对较高。

表 4　单位成本分析　　（单位：元/群）

	年份	2009	2010	2011	2012	2013	2014	2015	平均	占比
四川	生产资料	17.82	19.20	18.37	19.54	24.11	35.84	—	22.48	8.07%
	雇工	22.48	24.42	20.42	19.63	23.46	25.94	—	22.73	8.16%
	蜂药及喂食	166.37	169.86	143.16	143.16	154.75	153.01	—	155.05	55.65%
	运输及占地	79.16	74.72	64.21	70.19	84.44	97.37	—	78.35	28.12%
	合计	285.83	288.21	246.16	252.53	286.76	312.16	—	278.61	100.00%
浙江	生产资料	34.64	38.80	23.70	30.50	58.83	42.07	27.62	36.59	8.00%
	雇工	45.85	35.34	25.21	32.25	29.76	25.73	33.09	32.46	7.10%
	蜂药及喂食	318.35	338.46	287.43	299.44	298.68	292.17	364.84	314.20	68.73%
	运输及占地	76.94	67.71	65.56	62.82	80.69	77.49	86.06	73.90	16.16%
	合计	475.78	480.30	401.90	425.01	467.97	437.46	511.62	457.15	100.00%
河南	生产资料	27.66	26.56	27.53	29.56	26.14	22.33	44.58	29.19	8.71%
	雇工	4.10	4.73	6.80	4.97	3.15	5.57	5.66	5.00	1.49%
	蜂药及喂食	253.49	295.36	241.44	262.81	219.58	180.94	150.35	229.14	68.37%
	运输及占地	76.94	53.20	65.56	62.82	80.69	77.49	86.06	71.82	21.43%
	合计	362.19	379.85	341.33	360.16	329.56	286.33	286.66	335.15	100.00%
全国	生产资料	19.69	21.51	14.16	29.69	34.94	42.66	61.50	32.02	9.82%
	雇工	18.57	18.69	15.77	14.91	18.02	21.00	23.79	18.68	5.73%
	蜂药及喂食	197.00	215.72	204.67	208.61	205.78	198.82	219.65	207.18	63.53%
	运输及占地	67.18	64.46	56.96	66.91	73.40	75.69	72.93	68.22	20.92%
	合计	302.44	320.38	291.56	320.12	332.14	338.16	377.88	326.10	100.00%

数据来源：蜂产业技术体系产业经济课题组

（四）蜂产业供给效率特征

进行生产率分析发现，四川、浙江、河南蜂产业的单群生产率、劳动生产率、资金生产率均优于全国平均水平。其中，浙江的单群生产率优势最为明显，达到 57.53 千克/群，是全国平均水平的 1.5 倍，表明浙江蜂农具有较高的蜜蜂饲养水平。四川的劳动生产率为 16.05 千克/工日，资金生产率为 6.46 元/千克，比全国平均水平分别高 46%和 41%。根据蜂产业技术体系产业经济课题组的调研数据，四川蜂场的平均规模为 272 群，浙江、河南蜂场的平均规模分别为 110 群和 102 群。较大的生产规模有助于降低单位成本提高产出，这也是四川蜂产业劳动生产率高、资金生产率低的主要原因（表 5）。

表 5 生产率分析

		2009	2010	2011	2012	2013	2014	2015	平均
四川	单群生产率（kg/群）	44.35	43.16	56.21	30.81	41.14	51.17	—	44.47
	劳动生产率（kg/工日）	22.51	17.07	18.68	10.52	12.91	14.62	—	16.05
	资金生产率（元/kg）	6.44	6.68	4.38	8.20	6.97	6.10	—	6.46
浙江	单群生产率（kg/群）	48.07	54.71	58.83	56.69	60.04	62.32	62.05	57.53
	劳动生产率（kg/工日）	14.66	14.43	17.35	11.68	14.08	12.59	14.59	14.20
	资金生产率（元/kg）	9.90	8.78	6.83	7.50	7.79	7.02	8.25	8.01
河南	单群生产率（kg/群）	33.03	34.93	42.26	41.57	50.91	42.31	42.49	41.07
	劳动生产率（kg/工日）	14.70	14.54	12.68	12.69	16.62	16.95	10.80	14.70
	资金生产率（元/kg）	10.96	10.87	8.08	8.66	6.47	6.77	6.75	8.37
全国	单群生产率（kg/群）	21.25	28.42	48.68	34.59	45.88	48.18	44.20	38.74
	劳动生产率（kg/工日）	6.70	9.04	14.09	9.70	12.57	13.72	11.02	10.98
	资金生产率（元/kg）	14.23	11.27	5.99	9.25	7.24	7.02	8.55	9.08

数据来源：蜂产业技术体系产业经济课题组

二、影响蜂产业供给特征的制约因素

（一）要素供给因素

从劳动力上看，农村劳动力要素结构性短缺普遍存在。据蜂产业技术体系产业经济课题组的调研数据，当前我国蜂农平均年龄为54.7岁，受教育年限为8.3年。养蜂条件艰苦、设施落后，年轻人不愿从事养蜂业，养蜂人员低学历、老龄化现象严重，近年来雇工成本呈现出上涨趋势，劳动力约束愈发凸显。

从土地利用来看，近年来种植结构调整的成效显现，大块连片的油菜地、紫云英地等减少，蜜源植物种植面积下降，取而代之的是各种果树种植。蜜蜂在果园中采蜜的难度大于油菜地，生产效率降低，进而影响蜂产品的供给。

从技术应用和设备来看，养蜂生产的机械化、标准化、良种化和规模化水平较低。大多数蜂农仍未达到规模化养殖要求、组织化程度偏低、生产单位分散、生产销售信息不灵通。养蜂车、机械手臂、电动摇蜜机等机械设备普及率低，蜜蜂授粉技术的推广有待进一步推进。国家蜂产品检测标准缺少真假蜂蜜的检测指标以及蜂蜜等级划分的鉴定标准，远低于国际检测标准要求。

（二）社会化服务因素

从社会化服务来看，绝大部分蜂场以出售初级蜂产品为主要经济收入，为农作物授粉和提供信息服务的专业蜂场、合作社或企业较少。蜂产业技术体系产业经济课题组的调研显示，仅有7.76%的蜂农表示曾出租出售蜂给作物进行有偿授粉。可见蜂业功能相对单一，导致蜂农经济收入来源单一，进而造成蜂业综合效益也相对较低。除了授粉服务，信息服务对于蜂产业而言也很重要。在养殖和生产过程中，历经转地生产、收购、存储、加工包装、物流、上市等多个环节，大多数蜂农流动性大，组织化程度偏低，往往处于信息半封闭状态，蜂产品生产过程监管难度大。蜜源易受地区、天气、种植结构等因素影响，加之缺少对放蜂路线的整体规划，很容易出现蜂农争夺蜜源的状况。因此，为蜂农搭建跨省域的信息平台、提供相关信息服务、建立蜂产品溯源体系将有助于推进蜂产业的有效监管和协调发展。

（三）产业链因素

目前我国的蜂产业收益来源渠道单一，以销售蜂蜜、蜂王浆、蜂花粉、蜂胶等初级蜂产品为主。接近一半的蜂产品销售渠道为零售，普通消费者难以有效鉴别蜂蜜的等级甚至真假，价格低、产量高、耗时短但毫无活性成分可言的非成熟蜜充斥市场。对蜂产品开发不足，蜂产品的加工目前还处于普及型，未向专用型的方向发展。蜂蛹、蜂王幼虫、蜂毒、蜂巢等及其加工制品较少，也很少看到用蜂产品加工的保健食品和日化产品，在三产融合方面更是鲜有涉足。缺乏精深加工技术和销售渠道狭窄，进而造成产业链条短、产业拓展欠缺是我国蜂产业发展面临的重要制约因素。

三、蜂产业转型发展面临的机遇

（一）国际国内市场拓展，消费量上升

随着国内市场的深入发展和向国际市场的开拓，蜂产品市场拥有巨大的

发展潜力。一方面，蜂产品和养生保健功能历来受到中老年消费者的青睐，而我国已步入老龄化国家，消费者数量的上升将推动蜂产品消费的增长。同时，蜂产品绿色、天然、健康的特色更加彰显，正在被越来越多的年轻消费者认知与接受，应用领域和需求空间进一步拓展。相对于美国的 500 克、德国的 1 000 克，我国 247 克的年人均消费蜂蜜量还有很大的上升空间，考虑到庞大的人口基数，我国的蜂产品消费市场前景广阔。另一方面，在“一带一路”的发展战略下，我国与沿线国家的农产品贸易发展迅速、呈现出不断增长的趋势，与沿线各国的农业技术交流日益加深、合作空间广阔，对于我国蜂产品与国际标准接轨、规模化生产以及出口创汇有重要意义。

（二）消费结构转型，消费需求升级

在国内市场由生存型消费向发展型消费升级的大趋势下，蜂产业发展迎来转型契机。随着消费观念的转变，消费者对于绿色天然产品的需求日益上升，对于以满足其发展型需求为主要目标的科教文化、休闲娱乐、康养类产业的消费需求日益增强。作为我国的传统产业，蜂产业具有集经济、社会、生态多功能为一体的特征，结合绿色化个性化的消费需求，延伸产业链，在向新产品新业态的拓展上拥有较大潜力。

（三）种植结构改变，授粉需求增加

在农业种植方式转变和种植结构调整的方针下，油菜、紫云英等种植面积减少，果园面积增加。自 2006 年起，四川省猕猴桃种植面积开始以超过 10%的年增长率持续快速增长，并于 2015 年达到 57 万亩，成都市双流区的草莓栽种面积也在 2015 年突破了 6 万亩[4]。全国的果园栽种面积由 2005 年的 15 053万亩增长到 2015 年的 19 226万亩[5]，十年间增长了 28%。与此同时，授粉环节中的劳动力约束日益凸显，消费理念的升级也在倒逼农业生产的绿色变革。授粉需求增加，节时省工、增产增效又绿色生态的蜜蜂授粉技术逐渐受到重视，并开始在西瓜、草莓、猕猴桃、车厘子等经济作物生产过程中应用推广。

四、推进蜂产业转型发展的策略

（一）延伸产业链，调整产业结构

一方面，在初级蜂产品的基础上延伸发展精深加工产业，重点向蜂产品

药品、保健品、健康食品、功能食品、日化产品领域延伸，瞄准市场需求，布局产业链。另一方面，充分挖掘地方中蜂的品种资源优良特性和优异基因遗传资源，树品创优，将四川阿坝中蜂、贵州天柱中蜂、吉林长白山中蜂等打造为优良育种素材，联合科研单位选育优势蜂种，将优势资源转化为经济效益。

（二）培养技术人才，提升要素供给效率

构建产学研联盟，促进蜂产业生产和加工的有效对接，重点推进养蜂机械化和加工精深化。加快研发实用性更强成本更低的养蜂车、蜂箱装卸机械臂和电动摇蜜机，大幅度提升转地效率和劳动生产率，以机械化推动规模化养蜂的发展，以规模化带动机械化的应用，两者相辅相成，打造现代化专业化的养蜂方式。加快对蜂产品有效成分的研究进程，研发改进有效成分提取技术，用以生产高端医疗保健产品。

加强技术培训，培养蜂产业专业人才。联合涉农高校、研究所以及职业技术学校力量，增设蜂学专业，培养新一代蜂产业科研人才，增加我国蜂产业有效技术供给；建立定期培训制度，多层次、多途径培养养蜂创业人、带头人，不断提高养蜂管理技术水平；利用社交新媒体、蜜蜂博物馆等多种渠道，加大对蜂产业和蜂文化的宣传、扩大社会影响，推进养蜂机械的应用普及以改善从业环境，吸引年轻人进入养蜂业，扩大从业队伍。

（三）加强利益联结，创新经营机制

建立蜂产业发展基金，全方位、多角度支持养蜂生产、蜂产品加工及贸易。建立养蜂生产保险机制，以合作社为平台，统一为蜂农购买蜂业保险，通过开展风险救助，强化蜂农与合作社的利益联结。增强养蜂生产抵御自然灾害和市场变化能力。联合养蜂合作社和蜂产品加工企业，形成利益共同体，通过贸工农一体化、产加销一条龙等方式，提高产品质量以及盈利能力，走蜂产业产业化道路，提升我国蜂产业实力。

（四）结合市场需求，培育新产业新业态

打造集科普教育、休闲娱乐为一体的蜂场乐园，创建一批有吸引力和影响力的蜜蜂生态文化建设项目，实现养蜂业由“卖产品”到“卖文化”的转型。通过蜂疗和医疗的结合、养生和养老的结合、蜜蜂文化与旅游的结合、蜂产品美容和健身的结合，打造蜜蜂新产业，实现蜂产业供给和需求的双侧共振与协调发展。以现有水果产业为依托，推广普及蜜蜂授粉技术，探索建

立蜜蜂授粉专业合作社和服务公司等授粉中介服务机构，着力开创以蜜蜂授粉为核心的新业态。搭建跨省域的信息平台，集成物联网、移动互联网及大数据挖掘技术，对蜂场信息和流通路线进行采集，并将其应用于蜂群养殖、蜂产品溯源、电子商务及物流，以降低劳动强度，提升蜂产品原料质量，为蜂产业智能化决策提供支持。

紧密结合"一带一路"发展战略，通过新型业态拓展中国蜂产业的广度和深度，打造产业集群和区域品牌，加强蜂产品"走出去"步伐；加快中国蜂产品与国际标准对接，提升蜂产品质量安全、推进蜂产业规模化；向蒙古等国输出养蜂技术和培育专业人才，借助当地丰富的蜜粉资源，在当地布局产业链，提高中国蜂产品出口创汇能力。

参考文献

[1] 2017 年中央一号文件

[2] 张社梅，李冬梅．农业供给侧结构性改革的内在逻辑及推进路径［J］．农业经济问题，2017（8）．

[3] 林可全，丁丽芸．中国蜂蜜产业国际竞争力的 ISCP 范式研究［J］．国际经贸探索，2014，30（4）：44-53．

[4] 四川省农业统计年鉴［M］．四川省农业厅，2016．

[5] 中国统计年鉴［M］．中国统计出版社，2006—2016．

[6] 何敏，张宁宁，黄泽群．我国与"一带一路"国家农产品贸易竞争性和互补性分析［J］．农业经济问题，2016（11）：51-60．

[7] 张社梅，孙战利．德国特色农业产业发展对我国的启示——以蜂产业为例［J］．浙江农业学报，2016，28（11）：1 954-1 961．

[8] 陈玛琳，赵芝俊，席桂萍．我国蜂产业发展现状及前景分析［J］．浙江农业学报，2014，26（3）：825-829．

[9] 涂丹．新业态下文化产业的供给侧改革与调整［J］．学习与实践，2016（5）：128-134．

[10] 李瑞珍，刘朋飞，李海燕．我国蜂业的 SWOT 分析及发展对策［J］．江苏农业科学，2015，43（10）：526-529．

[11] 余艳锋，赵芝俊，邓仁根．江西典型区域中蜂养殖收益对比分析［J］．中国农业资源与区划，2012，33（6）：96-100．

制度创新、人文关怀与养蜂专业合作社的治理探讨

张社梅

摘　要：以蟲鑫蜂业专业合作社为例，系统揭示了制度创新和人文关怀对合作社治理的重要性。研究表明，合作社治理一方面要在产业链经营制度、利益分配机制等一系列的核心制度上不断完善和创新，另一方面，要遵从合作社的本质特征，积极打造人文关怀与公益精神相结合的合作社文化软实力。本文启示在于：合作社治理既要公平与效率兼顾，也要注重以人为本的文化建设，这应当成为政府规范合作社制度建设的重要取向。

关键词：合作社治理；制度创新；人文关怀；蟲鑫养蜂合作社

一、引言

如何规范合作社的发展，提升合作社经营质量，使其真正发挥示范带动作用，一直以来是各界关注的热点问题，也是难点问题。自2007年《中华人民共和国农民专业合作社法》颁布实施以来，我国农民合作社数量上迅猛增长，已由2008年的11万家上升到2015年底的153万家，短短8年间增长了10多倍。但从合作社的经营质量来看却普遍不高[1,2]，一方面，合作社发起成立门槛较低，"空壳社""挂牌社"等大量存在；另一方面，受农业弱质性和合作社人才、资金、技术等要素匮乏的影响，合作社普遍存在分散社员难管理、产品质量难统一、经济效益难提高、社员利益难协调等共性问题，有的甚至在内部权利、利益纷争中走下坡路最后倒闭，不仅给社员造成损失，也严重影响了合作社在农村的整体形象。

关于合作社的治理问题国内外已有多位学者进行了研究。股权结构、理事会结构、内部监督制衡、盈余分配以及企业家（或领导人、理事长）才能等对合作社绩效的影响已经受到学者们的关注[3-7]。同时，还有一些研究基于合作社的本质特征来探讨合作社的治理问题，如一些研究指出中国农民合作社存在着"精英俘获""大农吃小农"等现象[1,8]，变异已经成为中国农民合作社发展初级阶段组织创新最突出的特征[9]。但也有学者指出，即便是在精

英绝对控制的合作社中，拥有决策权的核心成员也可能会出于专用性资产考量制定有利于社员带动分配制度[10]。此外，由于农民合作社形成发展的文化与社会背景问题，一些研究指出单纯运用新制度经济学及产权理论等研究工具，已经不能完全解释合作社治理与组织特征问题，合作社社会资本问题近年来也日益受到重视[11,12]。但是，已有研究尚未将制度创新与社会资本结合起来，系统分析合作社成长的动因，也未注意到人文关怀这一重要因素在合作组织内部治理中的作用。为此，本文研究将采用案例研究方法，深入剖析经营管理制度的建设和合作社人文建设两方面对合作社成长的影响，从而更清晰地展现影响合作社组织治理的关键因素和重要意义。

二、案例介绍和资料的收集

（一）案例介绍

本文选择的案例是四川省邛崃市蟲鑫养蜂专业合作社（以下简称：蟲鑫合作社）。选择的理由是养蜂行业具有场地流动性强、生产随意性大、管理松散性突出等特点，这使得社员组织问题、质量监控问题等制度建设更为复杂。另外，蟲鑫合作社是四川发展最早的养蜂专业合作社，也是四川唯一一家蜂产业国家级农民合作社示范社，其在经营管理实践中进行了一系列有借鉴意义的制度探索。

蟲鑫合作社位于四川省邛崃市，其前身是当地养蜂大户王顺于2002年创办的邛崃市蟲鑫蜜蜂园。2007年7月1日《中华人民共和国农民专业合作社法》正式实施后，在相关部门的支持下，王顺联合本地以及周边县（市、区）的几十位蜂农共同发起成立，业务范围主要包括组织采购、供应社员所需生产资料，收购、销售社员生产的蜂产品，引进新技术、新蜂种，开展与生产经营有关的技术培训、技术交流和信息咨询等。

到2015年，合作社已从成立之初的22户社员发展到现在的236户。合作社蜂群数发展到6万多群，年生产蜂产品能力达到3 000吨以上，年销售额达到5 000万元以上，建设了1个种蜂场、1个加工厂、3家直销店，并成为中粮集团、同仁堂等大企业的优质原料供应商。蟲鑫合作社短短几年来在经营模式和制度创新方面的做法引起了社会各界的广泛关注。合作社理事长王顺也先后获得“亚洲优秀蜂农”“省劳动模范”等荣誉称号。

（二）资料的收集

在对案例合作社进行调查时，课题组采用了实地调研法和半结构化访谈法。首先，课题组分别参观了合作社办公场所、加工厂以及两家直销门面点，边参观边询问，对合作社的基本情况进行了解，形成了感性认识。其次，课题组访谈了案例合作社生产经营的主要决策者和生产者，包括理事长、职业经理人以及监事会成员、普通社员，共访谈12人次，详细了解了合作社发展壮大的历程、关键事件、遇到的问题以及制度建设等情况。最后，还与省养蜂管理站、邛崃市农发局等政府部门人员座谈，了解了该合作社成长的外围环境因素。

三、蟲鑫合作社的主要制度探索

（一）构建产品质量保证制度

合作社在生产经营中遇到的第一大问题就是质量安全问题。合作社发展之初就曾发生过卖给收购商的蜂蜜因为质量不过关而被退回的事件，这给合作社造成了不小的损失。针对该问题合作社积极做出了探索，主要包括：一是设立全面检测制度。制定检测程序，引进检验人才，对社员上交的蜂蜜采取全面的检验，主要针对抗生素、农药残留和掺假造假等。二是建立质量保证金制度。每户社员都要上交一定金额的质量保证金，保证自己上交给合作社的蜂蜜没有任何质量问题。做得好的社员会还会在年终得到质量返利。三是建立蜂产品溯源体系。为了准确定位和有效追溯蜂产品的生产源头信息，合作社设置了一套自己的质量追溯标签。标签以数字、字母组合成代码，可以反映蜂蜜产地、收购者、蜂农以及产蜜时间等信息，一旦发现质量安全问题，可以精确进行查找。

（二）构建全产业链蜂业经营体系

按照生产、加工、销售一体化的发展理念，蟲鑫合作社建立了一批优质蜂产品蜜源基地、蜂产品加工基地和蜜蜂授粉示范基地，并大力构建终端销售市场。首先，合作社采取“合作社+小组长+社员+基地”的发展模式，根据不同的放蜂路线和自然地理条件，在四川、陕西、甘肃、青海、内蒙古等地分别建立了油菜、洋槐等生产基地，保障了加工所需原料的稳定供给。其次，为了发展产后事业，蟲鑫积极在加工、流通和销售领域拓展。发展初期没有实力建加工厂，就委托代加工；逐渐壮大后，蟲鑫建立了自有加工厂，并取得QS认证。在蜂产品的流通、销售上，合作社主动与各类蜂产品进出口公司对接，已与全国十多家企业建立了稳定的合作关系。最后，合作社还着力于“蟲鑫”品牌的打造，开发自有蜂产品终端销售市场。目前已在成都市区、邛崃市和雅安等地区设立了蜂产品直销店。

（三）构建全方位生产服务机制

蟲鑫合作社在发展壮大过程中逐步建立了生产物资配送、蜜源信息、气候预报、应急事件处置、蜂业政策宣传等全方位的服务机制。蟲鑫合作社与移动公司合作建立了信息服务平台，及时将养蜂新技术、新材料、产品价格、蜜源情况等信息通过移动手机短信平台传递给社员，为社员养蜂生产提供信息服务和帮助。此外，合作社每年都要为社员和员工开展技术培训，就蜜源地选取、蜜蜂放养、蜂产品运输保存等方面进行详细技术指导，还聘请大学和产业管理单位的相关专家，从理论知识层面为社员和经营管理人员讲解蜂业发展问题和政策形势，更新知识结构。

（四）构建多形式利益分配机制

蟲鑫合作社主要采取了三种办法来进行社员的利润分配，其一是确立合理的初次分配制度。初次分配最核心的问题是收购价的确定。因为市场波动，收购批次不一样，蜂蜜价格可能存在较大差异，社员与合作社之间往往因此产生矛盾。蟲鑫合作社经过调研提出了“先收货，后定价”的策略，参考全国蜂蜜协会给出的指导价基础上，再召集各放蜂路线上的小组长、蜂农代表召开定价会，综合考虑蜜源地、收蜜时间等因素来定价。

其二是确定科学的返利制度，包括以数量返利+以质量返利。“以数量返利”即按照社员的交易额返利，交易数量越多，返利越多。“以质量返利”即谁的蜂蜜质量越好，其返利越高（目前蜂蜜每吨返利300~3 300元不等）。抗生素没有超标、浓度较高的优质蜂蜜将在年底给予奖励。成立以来，通过数量返利、质量返利给社员的金额已达400余万元。

其三是入股分红。由于合作社创立之初缺流动资金，业务扩张中也面临建设厂房、购买仪器设备资金不足问题，向银行贷款手续麻烦、限制颇多，且利息为外部机构所得。这种情况下，合作社向愿意入股的社员筹集资金，并按照高于银行利率的比率支付利息，以鼓励社员投资合作社。这既解决了合作社的资金短缺问题，也使得利息支出为社员所享有。

合作社管理人员的利益分配主要采取董事会协议解决的办法制定薪酬。理事长的薪水、职责权限由董事会决定，并向全体社员公开。副理事长、部门经理层以及其他财务、后勤等工作人员均按照固定月薪+年终绩效的办法确定，均做到公开透明。

（五）构建权益保障与风险防范机制

为切实保障蜂农的权益和化解各类风险，合作社也做了大量的探索。首先，针对人事纠纷，聘请法律顾问为蜂农维权，如遭遇蜜蜂中毒、“地痞”勒索等。这些问题对合作社的发展也有较大影响。蟲鑫于2009年起分别聘请了经济纠纷处理律师和法律维权顾问，采取法制化的路子解决遇到的此类风险。

其次，针对自然灾害，建立互助风险储备基金制度。合作社采取主管部门出一点、合作社匹配一点、社员出一点“三个一点”的原则建立了互助风险储备基金，并制订了互助风险储备基金管理办法。由合作社帮扶补助评估小组，针对遭受风险的蜂农客观、准确评估损失，然后利用互助风险储备金发放补贴。合作社成立以来，已有11户受灾社员得到了支持。

最后，建立养老保险制度。合作社规定凡参加养老保险的社员，年终按本人交纳蜂蜜的数量给予一定比例的养老保险补贴。到目前为止，合作社已为22户蜂农统一购买了养老保险，这一举措明显增强了蟲鑫内部的凝聚力。

四、蟲鑫合作社的治理经验：制度创新与人文关怀的融合

（一）制度创新与合作社治理

制度创新就是改变原有的组织制度，塑造适应生产力发展的市场体制机制和新的微观基础，建立产权清晰、权责明确、管理科学的现代组织制度的过程[13]。制度创新是组织发展的基础，制度创新的主要内容是对产权制度、经营制度和管理制度的创新。蟲鑫合作社正是通过一系列的制度创新，不断推进合作社治理结构的完善和管理效率的提升。

1. 强化社员参与的管理制度建设，确保产品质量可控

质量是产品取胜的法宝，但要做到这一点，对于农民合作社来说难度非常大。一方面，从原料供应来看，生产成员均为受教育程度不高的农户，且生产高度分散，对其统一管理有难度；另一方面，从产业本身来看，蜂农一年四季追花夺蜜、辗转各地，未知风险较大，无疑增加了质量安全监控难度。不按要求提供产品的事例时有发生，这是合作社发展中面临的头疼问题之一。为了保证产品质量，蟲鑫合作社在原料环节，建立社员质量保证金制度，使社员将生产质量合格的原料变为一种自觉行为，也使这种质量安全责任分解到每个社员身上；有了这种制度安排之后，还采取了统一培训、统一药品发

放、统一标识、优质优价收购等措施，使社员也意识到质量安全问题的重要性。这样就使得制度安排与理念转变相结合，破解了合作社原料收购环节的质量层次不齐、优质不能优价的难题。

2. 强化产后环节的经营制度建设，实现合作社效率、效益双提升

合作社作为代表小农户进入市场的经济组织，能否真正为农户带来经济效益是衡量一个合作社好坏的重要指标。既有事实已经表明，农产品的生产利润非常微弱，农业的更多利润要从后续的加工、流通和商业环节获得，也即养蜂合作社如果仅仅依靠买、卖社员的蜂产品，永远无法壮大，必须发展产后加工事业，实现产加销一体化。蟲鑫蜂业合作社采取以销定产的办法，先建立产品加工厂，打造“蟲鑫”品牌，同时在城市繁华地段选点建立自己的直销店，扩大市场份额，提升品牌知名度。成功对接市场之后，从后续取得的利润中拿出一部分，促进生产环节的规范化运行，包括建立优质优价的原料收购秩序，通过二次返利对提供优质原料的农户进行奖励，对遇到的灾害进行风险救助，等等。蟲鑫合作社的发展遵循了先通过产后加工和销售将蛋糕做大，再将蛋糕一部分反哺生产前端的基本路线。这种安排弥补了生产环节利润薄弱的缺陷，从而激发产业环节各节点上的生产积极性，形成从生产到销售的良性循环，在转变产业发展方式的同时，实现了效率和效益的双提升。

3. 强化内部制衡的产权制度建设，实现合作社经营与监督良性互促

农民合作社为了使内部关系进一步明晰，许多已建立了董事会、监事会、会员代表大会“三会”组织结构，但因为合作社的控制权、剩余决策权等核心结构性产权制度并未随着“三会”制度的建立而理顺，导致合作社的“异化”或者停滞不前。因此，合作社健康成长，需要发挥精英领头羊的作用，同时也要对精英进行监督和权利制衡。蟲鑫蜂业合作社在理事长的带领下，积极化解新老交替、经营与监管中的矛盾问题，在探索中提出由经验丰富和能力突出的骨干成员组成理事会更好地行使决策权，由年轻有为的中青年社员组成经理层充分发挥带头作用，由与核心成员利益牵涉少的普通社员组成监事会实现对财务公开度、任务执行度的监督，等等。对于理事长本人的薪水、权利，则由理事会协商决定，并向社员公开。这种制度安排保证了管控的科学性，也提升了合作社的治理效率，实现了经营与监督良性互促。

（二）人文关怀与合作社治理

1. 强化对社员的人文关怀，塑造合作社的软环境

人本主义管理理论是现代企业管理理论的重要内容，其基本观点是企业发展不仅要关注各种物质要素的合理配置和管理，更要关注员工的情感、兴

趣、动机的发展规律，要突出人在管理中的地位[14]。蟲鑫合作社采取多种措施，提升社员的综合素质，充分发挥社员的主人翁责任感和创造性、积极性，并激励他们全身心参与到合作社的管理和建设当中去。同时，合作社还建立了公积金制度、风险救助基金以及养老保障金制度，不断提高对社员的关怀，从自然风险防范到人身安全、养老保障，并将组织的福利延伸到社员的家属、甚至部分非社员。蟲鑫合作社构建的内部社会资本网络和人文规范，为合作社治理奠定了良好的软环境。

2. 强化对领导人的人文关怀，提升外部精神激励作用

任何事业的成就与发展，都离不开文化的驱动和思想的引领，少不了精神的鼓舞与意念的支撑。农业本身所具有的弱质性、周期性，决定了农民合作组织的高风险性、低效益性，也决定了农民合作社的领导人必须具有爱农务农的情结，具有大公无私的奉献精神。领导人如果缺乏这些人格品质，合作社的发展必然出现各种问题。但如果一味强调领导人的大公无私、无偿奉献，长期没有利润支付，管理者的热情将难以为继。蟲鑫合作社在发展过程中，理事长个人的贡献和奉献不仅得到了社员的认可和拥护，也在组织利润分配中得到相对公平的体现。此外，理事长还收获了来自政府部门和其他社会团体的认可，其先后被誉为“亚洲优秀蜂农”“省劳动模范”等。对领导人的人文关怀和激励对于合作社治理具有重要的作用，尽管领导人的精神激励和组织业绩之间的因果关系还有待于实证验证。

（三）制度建设与人文关怀在合作社治理中的融合

无论是推进制度建设，还是倡导人文关怀，对合作社来讲最终目标都是提升合作社的效率和效益，并为社员谋求福祉。合作社为了在竞争中立于不败之地，必须进行制度建设和创新。同时，作为一个民众结社组织，合作社面对分散的、弱小的社员，必须处理好利益的分配关系，体现公平和公益性。蟲鑫案例清晰地展示了制度建设和人文关怀在合作社治理中的相互融合和相辅相成。发展初期，合作社忙于事业的起步和建设，资本和人力较多投入到制度建设中，由此带来较高的利益回报。发展到一定阶段后，随着规模的扩大和利润的增长，社员利益诉求、组织发展理念等问题逐渐凸显，这一现实状况诱使合作社通过人文关怀来进一步破解内部的矛盾关系，实现其潜在利润，因此，人文关怀或者文化建设所能带来的收益逐渐增加。在供需平衡规律的支配下，经过利益权衡和博弈过程后，制度建设和人文关怀所带来的收益最终在管理成本的约束下处于一个均衡点（图 1）。

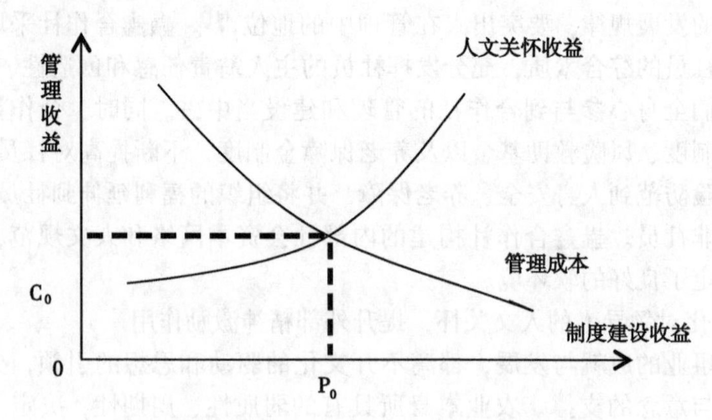

图1 制度建设、人文关怀与合作社发展的均衡

五、结论与启示

本文透过蟲鑫合作社的案例，探索农民合作社治理中的关键因素。研究发现：合作社的发展壮大不仅依赖于质量管控、经营服务、利益分配等一系列制度的建设、完善和创新，更要注重人文关怀在合作社发展中的重要作用。合作社的管理要充分彰显制度约束与人文情怀相结合，这是合作社的性质和根本目标决定的。蟲鑫合作社无疑为探寻解决合作社治理中面临的诸多共性问题提供了有益借鉴，同时，还折射出具有普遍性和一般性的理论与实践启示。

（1）要实现公平与效率兼顾，需结合合作社的发展阶段而定。合作社同时追求经济效率和社会公平这是由合作社的本质特征所决定的[15]。但追求经济效率，可能出现劳动联合弱化资本联合强化、民主控制弱化内部人控制强化的倾向；追求社会公平，可能出现决策效率低、"搭便车"、只顾眼前不顾长远等情况。蟲鑫合作社在发展初期采取经济效率优先的战略，增强合作社的经济实力；逐步壮大后，合作社不断完善利益共享机制，不断提升对社员的返利程度，走上了公平与效率协调、增长与发展同步的道路。其实践充分表明：效率和公平可以兼顾，但需要结合效率和公平的实施阶段。合作社采取初期效率优先，积累足够资本后逐步由效率向公平、增长向发展转变，不仅能够保证产量、收入和利润，也能使公平这一终极价值取向循序渐进地加以贯彻和落实。

（2）要高度重视合作社的人文关怀和精神激励。蟲鑫的实践表明合作社的治理不能单纯从经济利益出发，营造人文关怀氛围同样重要。合作社不仅十分关注社员的激励问题，而且将公益精神不断放大，从公众利益和群体利益出发，将公益性渗透到人文关怀中，又在人文关怀中不断传播公益理念，实现人文与公益相融合。合作社在各级政府的大力支持下发展壮大是必然趋势，今后规范合作社的发展完全可以考虑从人本主义管理理念出发，将发展核心聚焦到人的培育与作用的发挥上，调动社员的积极性、激发社员的创造性，还要充分考虑对合作社领导人的精神激励，鼓励和引导合作社努力创建良好的文化氛围，最终实现合作社和社员共同发展的双赢局面。

参考文献

[1] 张晓山．农民专业合作社的发展趋势探析［J］．管理世界，2009（5）：89-96.

[2] 陈江华等．农民专业合作社品牌创建行为实证分析——基于合作社理事长视角［J］．广东农业科学，2014（21）：204-209.

[3] 徐旭初，吴彬．治理机制对农民专业合作社绩效的影响——基于浙江省 526 家农民专业合作社的实证分析［J］．中国农村经济，2010（5）：43-55.

[4] 刘同山，孔祥智．治理结构如何影响农民合作社的绩效？——对 195 个样本的 SME 分析［J］．东岳论丛，2015，36（12）：16-23.

[5] 刘洁，祁春节，陈新华．制度结构对农民专业合作社绩效的影响——基于江西省 72 家农民专业合作社的实证分析［J］．经济经纬，2016，33（2）：36-41.

[6] 刘小童，李录堂，张然．农民专业合作社能人治理与合作社经营绩效关系研究——以杨凌示范区为例［J］．贵州社会科学，2012，288（2）：59-65.

[7] 胡平波．合作社企业家能力与合作社绩效关系的实证分析——基于江西省的调查［J］．华东经济管理，2013（9）：38-43.

[8] 温铁军．农民专业合作社发展的困境与出路［J］．湖南农业大学学报（社会科学版），2013（8）：4-6.

[9] 苑鹏．中国特色的农民合作社制度的变异现象研究［J］．中国农村观察，2013（3）：40-46.

[10] 孔祥智，谭玥琳，郑力文．精英控制、资产专用性与合作社分配制度安排［J］．地方财政研究，2014（10）：4-8

[11] 张德元，潘纬．农民专业合作社内部资金互助行为的社会资本逻

辑——以安徽J县惠民专业合作社为例［J］. 农村经济，2016（2）：125-129.
［12］ 廖媛红. 农民专业合作社的内部社会资本与绩效关系研究［J］. 农村经济，2011（7）：126-129.
［13］ 周三多. 管理学（第二版）［M］. 北京：高等教育出版社，2000.
［14］ 祁亚辉. 从科学管理到人本管理——兼论人本主义在管理理论发展中的地位［J］. 社会科学论坛，2005（2）：23-27.
［15］ 林坚，王宁. 公平与效率：合作社组织的思想宗旨及其制度安排［J］. 农业经济问题，2002（9）：46-49.

“平武中蜂+”扶贫模式制度特征及政策启示分析

陈 锐 史宇微 张社梅

摘 要： 基于对“平武中蜂+”扶贫模式的分析，认为在蜂产业扶贫模式中构建“益贫性”利益联结机制有利于激发贫困群众发展产业的内生动力；结合地区生态实际选择发展绿色扶贫产业时除了注重产业的生态效益，还需在产业体系中嵌入良好商业模式，保证绿色产业的经济效益；技术和服务是蜂产业扶贫模式的重要支撑，政府的顶层制度设计则是重要的方向保证。因此提出，一是在扶贫开发工作要重视发挥蜂产业的作用；二是产业体系中各经营主体要构建产业化联合体；三是绿色贫困产业要结合地区实际选择，并且要配备良好的商业模式；四是重视发挥政府的主导作用。

关键词： 扶贫；利益联结机制；绿色产业；中蜂

一、研究背景与意义

贫困作为一个世界难题，始终存在于发达国家和发展中国家内，如何减少贫困，减缓贫困，消除贫困，是全世界共同致力于解决的问题。目前已经形成的普遍共识是，在诸多扶贫路径及措施中，产业扶贫作为造血式扶贫被普遍接受与推广。各地区的实践还表明，在精准扶贫路径探索中，产业是区域经济发展的支撑，是促进低收入农户增收的基础和源泉，培育特色优势主导产业，是低收入村发展的内生动力和促进低收入农户增收的重要途径[1]。

2017 年，中央一号文件提出，扎实推进脱贫攻坚，进一步推进精准扶贫各项政策措施落地生根，确保 2017 年再脱贫 1 000万人以上。同年，四川省一号文件指出，大力实施产业就业扶贫，开展村企对接活动，推广龙头带动、合作经营等脱贫增收新模式，全面落实农业产业化龙头企业（工商资本）带动脱贫攻坚支持政策。以上政策表明，我国已经进入扶贫的攻坚时期，打赢脱贫攻坚战是实现全面建成小康社会目标的重大任务。研究产业扶贫模式，构建政府、企业、合作社、农民等参与主体良性互动关系，实现收入和就业的可持续性，对增加贫困户收入，减少贫困人口，建成全面小康社会有着重要意义。

产业扶贫的提出在加快贫困地区特色产业发展、促进新型农业经营主体发展以及提高农户尤其是贫困户收入上取得了明显的成效，但受我国市场经济体制不完善、政策法律制度不健全等因素的影响，我国的产业化扶贫面临难以持续发展的问题。主要表现在以下四个方面：一是只重视短期脱贫指标，重经济指标而忽视经济与生态的可持续发展；二是存在精英俘获现象，忽视农户的主体地位；三是扶贫产业品种单一，产业链短，扶贫产业难以培育；四是政策支持不准，村集体与农户不能兼顾。产业扶贫该如何找准定位，产业扶贫各参与主体如何协作发展，如何解决存在的矛盾，使产业扶贫模式能够持续良性发展，就成为目前需要解决的问题。

四川省是农业大省，山区面积广，贫困人口比例大、贫困发生率高，尤其是在山区，受自然条件限制，产业发展困难，贫困发生率更高，贫困形式更加严峻。目前，秦巴山区贫困人口共计 167.5 万人，且减贫率低于四川省平均水平，面临陷入代际传承的贫困恶性循环陷阱的危机；该区贫困村空间分布呈现“大分散、小集中”格局，集聚规模小且集聚中心数量多；小煤矿、砖瓦窑等短视化招商引资行为引起环境污染和资源浪费，加重了当地生态环境压力。蜂产业作为一种“空中农业”，不与种植业争土地和肥料，不与养殖业争饲料，更不会污染环境，是一项集经济、社会、生态效益于一体的产业，适合在山区推广。开展蜂产业扶贫，推动山区经济发展，对减少四川省贫困人口有着重要意义。

平武县属于四川省四大集中连片特困地区之一，是秦巴山区扶贫连片开发县，2014 年，全县精准识别出 73 个贫困村，贫困户 7 363户，贫困人口20 581人，面临的脱贫攻坚任务异常艰巨：基础设施建设滞后，通村路+入户路+产业路亟须建设；产业扶贫效率低，特色产业难以形成规模，产品附加值不高；贫困人口自我发展能力不足，受教育程度低。2016 年，平武县养殖中蜂 6 万余群，蜂蜜产量近 500t，蜂产品产值近 2 亿元，人均可支配收入从9 216元增加到 10 230元，贫困人口从 19 649人下降到 7 828人。平武中蜂养殖成为全县精准脱贫的主导产业，中蜂+A（中药材）、+B（水果）运作模式取得了显著的增收效果，受多方关注和报道。在“平武中蜂+”模式中，各参与主体分别扮演了什么角色，如何发挥作用？平武蜂产业扶贫模式的运作机制是什么？其产业扶贫模式背后又蕴含着哪些深层次的制度特征？这些问题都值得我们深入思考和挖掘。

二、文献综述

（一）关于产业扶贫的相关研究

1. 产业扶贫的概念及模式研究

关于产业扶贫概念界定目前尚未统一，但其基本理念是一致的。谢谦（2013）认为产业扶贫是贫困地区依托具有相对优势的产业资源，大力发展以农业、工业或旅游业为基础的支柱性产业，从而带动整个区域经济水平的提升[2]。全承相、贺丽君（2015）研究认为，产业化扶贫是在市场和龙头企业的引导下，依托贫困地区特有资源优势，形成的能持续稳定带动农民脱贫致富的产业化经营体系[3]。余欣荣（2016）界定特色产业扶贫的内涵是以脱贫为目的，以贫困地区特色资源禀赋为基础，以市场为导向，以产业为依托，以扶持政策为支撑的扶贫开发新举措[4]。其核心思想都在于依托贫困地区特有的资源，发展产业，协调政府、企业（合作社）、农户等参与主体之间的关系，从而实现农户增收，地区经济发展的目的。

关于产业扶贫国外学者做了相关研究，并取得了一定的成果。在国外研究方面，各国采取的产业扶贫政策各不相同。Ravallion 和 Chen（2007）通过研究发现，中国第一产业的增长对农村减贫的影响四倍于第二产业和第三产业的增长[5]。Bigman 等（2002）研究了印度农村的产业扶贫问题，重点介绍了以地理区位为导向的产业扶贫措施，提出了可行的指导方法[6]。KateBird（2007）指出，泰国通过发展特色产业帮助农民脱贫[7]。Open-shaw（2010）针对撒哈拉以南非洲地区的贫困问题进行了研究，认为该地区可通过砍伐木材创造就业机会以提高收入[8]。

国内学者具体总结出了产业扶贫不同的模式。梁晨（2015）认为，产业扶贫推广模式主要有三种：依靠政府干部直接推行，通过企业或大户推行，靠农户广泛参与和合作推行[9]。范东君（2016）将产业扶贫模式分为“强市场+弱政府”型、“中性市场+中性政府”型和“强市场+弱政府”型三种类型[10]。李荣梅（2016）将我国产业扶贫的实践模式解析为三种基本分类：“公司+农户”“合作社+农户”和“公司+合作社+农户”，研究认为“公司+合作社+农户”模式更适合当前背景下的产业扶贫[11]。

2. 产业扶贫存在的问题

关于产业扶贫存在的问题主要有以下几个方面。余欣荣（2016）认为，产业扶贫重在“精准”，也难在如何做到“精准”[4]；韩斌（2014）认为，主要问题是由于产业扶贫投入资金有限，产业结构难以调整[12]。从农户方面来看，汪三贵认为，产业扶贫的核心问题在于农户缺少资金，市场意识薄弱，自主经营能力比较差[13]；在利益分配方面，郭京裕和宋海燕（2017）则认为，产业扶贫的利益分配机制存在问题，产业扶贫对真正贫困户的效果并不明显[14]。刘喜（2016）则更进一步指出，产业扶贫中，企业起主要支配作用，农户的利益在与企业利益相冲突时，通常会被牺牲掉，导致偏离扶贫目标[15]。

（二）关于蜂产业扶贫的相关研究

关于中蜂产业的研究。我国养蜂历史悠久，是世界传统养蜂大国。蜂产业是我国的传统优势农业产业之一，蜂群饲养量、蜂产品产量及其出口量均居世界首位。姚华清（2017）指出中蜂具有采集力强、利用率较高、采蜜期长及适应性、抗螨抗病能力强，消耗饲料少等优点，其生产具有投资少、见效快、风险小、效益高的特点，非常适合山区定点饲养，是一项可推广的扶贫产业[16]。

在对蜂产业扶贫模式的研究方面，我国蜂产业扶贫尚在初始阶段，目前可查阅到的相关文献资源非常有限。黄斌，张世文等（2016）在对甘肃徽县考察后，总结出以企业为主导的“公司+科研推广+政府+蜂农”的徽县蜂产业扶贫模式[17]。邓淑红、李泓波（2016）认为，在中蜂产业发展初始阶段，宜采用“政府+产业合作组织+农户”产业发展模式和“互联网+产业合作社”的销售模式[18]；何成文、徐祖荫（2017）在对贵州蜂产业扶贫模式考察研究后，总结出政府主导型、企业带动型、合作社型、科技人员带动型、自主创业型和多业并举型六种模式，认为在当前情况下应积极探索“政府+科研部门+企业+合作社+农户”的发展模式[19]。

关于蜂产业扶贫面临的困境，研究学者提出了自己的见解。邓淑红、李泓波（2016）认为，蜂产业扶贫的困境主要在于以下几个方面。第一，资金短缺，培训经费和投资经费不足；第二，产业化程度低和产业信息化建设滞后；第三，养殖户收入来源单一，农户收入低[18]。何成文、徐祖荫（2017）指出，蜂产业扶贫存在盲目跟风、技术短缺、蜂产品质量参差不齐、有些地区蜜源不足等诸多问题[19]。这其中既包含产业扶贫的共性问题，也包含蜂产业扶贫的个性问题。

（三）文献评述

综合以上文献分析，首先，国内外众多学者对产业扶贫做了大量理论和实践方面的研究，尤其对产业扶贫的模式和其运作机制方面做了大量研究，为本研究奠定了一定的基础，提供了有益的借鉴。但目前对产业扶贫主要集中在宏观层面的研究，重点在于研究产业扶贫的模式，对于贫困地区特色产业的扶贫模式研究相对较少。其次，梳理文献发现，关于蜂产业扶贫模式的研究十分有限，目前已有研究是基于调研地已有的扶贫模式进行总结分析，并未上升到理论或制度层面，得出具有普遍参考性的结论。因此，在微观层面上细致考察平武蜂产业扶贫模式，研究探讨该模式基本内涵与模式特征，探讨该模式的普遍意义成为一个值得关注的课题。

三、“平武中蜂+”扶贫模式主要做法

平武县地处绵阳北部，隶属秦巴山区，位于青藏高原向四川盆地过渡的东缘地带。县境总面积 5 974km^2，其中 94.33%是海拔 1 000m 以上的山地，北亚热带山地湿润季风性气候，温和湿润，降水丰沛，日照充足，四季分明，适于种植粮油作物、草本药材等一级蜜源草本经济作物和毛叶山桐子、板栗等二级蜜源木本经济作物。县境人口密度约为 30 人/km^2，主要为氐羌系少数民族聚居区，宗教信仰尚处于万物有灵的原始状态，崇拜自然，生态环境保护较好。平武还素有“天下大熊猫第一县”的美誉，良好的自然生态环境和淳朴的民风为平武县发展中蜂产业提供了得天独厚的条件。

平武县发展中蜂产业，探索“中蜂+”产业扶贫模式，主要基于以下三方面的考虑。一是造血扶贫，激发农户发展内生动力。扶贫开发工作实施以来，受自然地理环境差、产业基础薄弱和农户技术水平不高等因素的制约，以及传统“输血式”扶贫方式造成的依赖思想，农户自我发展能力不足，对自主发展生产，实现脱贫致富的积极性不强，使脱贫工作开展难度增大。二是绿色扶贫，发挥自然生态环境优势。虽然平武县在产业扶贫上经过多年努力基本形成了核桃、茶叶、中药材为主的特色农业产业，但不成规模、没有品牌、产业链短、附加值低，扶贫效益不高；一些煤矿、砖窑等工业产业虽然取得一定效益，但存在严重资源浪费、环境污染和生态破坏。如何实现产业扶贫效率提高与生态环境良性循环的双重目标，是当地政府面临的又一重大难题。三是整合资源，发展壮大中蜂产业。平武县蜜源植物广泛，农户有养蜂传统，且传统养蜂技术成熟。2014 年，在精准扶贫政策与养蜂技术人员的推动下，平武县开始发展“中蜂+”产业扶贫模式，结合相关政策支持，平武县进一步整合内外部资源，突破中蜂产业发展瓶颈，建立中蜂产业园，打造蜂产品国际知名品牌。

（一）以企业为核心整合资源

1. 整合生产性资源

在组织模式上，平武中蜂产业扶贫采取“龙头企业+产业园（或专合组织）+农户”的模式，由龙头企业提供蜂箱和蜂群，采取集中建设的方式，建立中蜂产业园，与农户签定养殖协议，并负责技术指导和产品回收，实现技术上和产品销售的“双保险”，让贫困户放心参与到蜂产业发展中来。在生产体系上主要是“平武中蜂+一级蜜源草本经济作物+二级蜜源木本经济作物”，其中，一级蜜源是指玉米、油菜、苦荞、金银花等农业作物及药材，其主要特点是生产周期短，见效快，除采蜜收入外，还可获得作物收入，与此同时提升环境质量；二级蜜源植物毛叶山桐子为主，3 年开花后可作为蜜源和观赏景观，5 年后可作为航空用油，具有极大经济价值。目前毛叶山桐子全县种植面具约为 20 000 亩*。

2. 整合要素服务资源

该模式在要素服务资源整合上：一是把“平武中蜂+”产业分为三个片区，分别由康昕生态食品、绿野科技公司和润生众品三家企业负责，三家公司分别创建了“大山老巢”“蜜之源”“王朗”“绿野”“羌家”等品牌，这些品牌目前大多已经得到市场的认可。二是整合产业扶贫资金 800 万元用于扶持“平武中蜂+”产业。养殖规模在 10 箱及以上的贫困户可获得 260 元/箱的养殖补贴，因此农户只需自已出资约 240 元/箱。林业部门按林业相关政策对种植毛叶山桐子等蜜源植物给予 300 元/亩的退耕还林补贴。三是成立“平武中蜂+”技术服务团队，具体负责蜂产业发展技术培训和技术咨询服务，确保“平武中蜂+”扶贫套餐产业强力、快速、高效推进。

（二）多主体分工协作，构建产业化联合体

“平武中蜂+”产业扶贫模式由多主体分工协作，分别负责产业链的不同环节，形成中蜂产业化联合体。一是龙头企业牵头主导，负责资金、技术、品牌、市场等产业链关键环节。在全县不同区域，分别由三个龙头企业引领发展，负责为贫困群众提供蜂箱、蜂种和资金支持，尽量减少贫困群众投入。负责养蜂技术培训和技术指导，提高贫困群众养蜂技术水平。负责回收中蜂产品，解决贫困群众产品销售难问题，公司回收农户蜂产品实行“按质论价”，先对农户蜂蜜进行采样检测，再依据质量标准进行回收定价，对不达标

---

* 1 亩≈667m^2，15 亩=1hm^2。

的产品，可不予回收，甚至可以对农户采取惩罚措施。负责蜂产品质量监控和品牌打造，通过对整个生产体系进行实时监督、产品回收检测，以及蜂产品质量、品牌认证等措施扩大蜂产品市场占有率。二是合作社发挥桥梁纽带作用，组织农户开展中蜂养殖。每个贫困村建立一个中蜂养殖合作社，由合作社负责组织贫困群众发展生产，监督生产过程和产品质量，形成龙头企业、专合组织和农户的利益连接机制，保障贫困群众增收和集体经济的收入。三是农户发挥主体作用，积极参与进入中蜂产业。贫困群众前有龙头企业提供资金、技术、市场等风险保障，后有合作社和政府部门提供全程养殖服务支持和政策支持，可以通过自主养殖、代养、托管、加入合作社、入驻中蜂产业园等多种方式参与到"平武中蜂+"产业发展之中，获取养殖红利。四是政府发挥服务功能，统筹促进中蜂产业发展。政府负责产业发展政策、规划、计划的制定，负责产业发展统筹协调，解决中蜂产业发展中的重大问题。

（三）全程监测保质量、多措并举塑品牌

1. 五大体系保证产品质量

"平武中蜂+"扶贫模式在发展过程中创新发展"生态信息农业"，探索建立五大体系保证产品质量。一是建立产品质量监测体系。明确中蜂系列产品质量标准，利用农产品质量检测中心，对产品进行质量检测，确保产品质量。二是建立完善可追溯体系。龙头企业将蜂产品生产、采购、包装、运输、销售等环节的信息采集运用，实现信息溯源和质量可追溯。三是建立诚信体系。将"三品一标"认证、产品质量安全、禁用农药、兽（鱼）药和有毒有害物质在产品方面情况、诚信档案建立和完善情况、产品合同以及商标使用情况等内容纳入生产者、经营者诚信体系，通过村规民约、农民专合组织协会章程等手段提高农民诚实守信意识，设立诚信担保基金。四是建立认证体系。通过"三品一标"的申报认证和监管，开展产品商标申报和国家驰名、省著名、市知名商标品牌创建工作。五是加强生态环境体系建设。对"平武中蜂+"产业区，加强其周边环境监测、治理和保护，纳入信息化管理，为生态农产品提供良好的生态环境，目前，生态信息农业示范点已达38个。

2. 四大环节凸显质量细节

"平武中蜂+"扶贫模式在蜂产品生产过程中着眼于对质量细节的处理，集中体现在四个方面：一是必须严控蜜蜂的放养环境。蜜蜂必须放养在高山林区，采蜜时才不会接触到带有化肥和农业成分的农作物蜜源，才能保证蜂蜜里没有农残。二是要保证蜜蜂远离村寨人家。蜜蜂不只会采蜜，还会采集盐分，若距离人居环境过近，蜜蜂就会从人畜的排泄物中采集盐分，这样蜂

蜜里就会有被检出尿素的可能。三是不能人工饲喂。在冬天没有蜜源采集时，养蜂人必须留够原生蜂蜜给蜜蜂过冬，不能用稀释糖水喂养，保证蜂蜜里不会被检出糖精超标。四是采集的蜂蜜必须要成熟。蜜蜂对于蜂蜜有一套本能的检验标准，只有蜂蜜成熟水分含量很少时，蜜蜂才会用蜂蜡封堵住蜂巢上盛蜜的小洞，只有采集的蜂蜜都被蜂蜡封堵起来，充分成熟后，蜂蜜里的水分含量才不会超标。严格按照这样的标准，从养殖过程的每一个环节严格监管，保证平武中蜂蜂蜜纯净天然无污染、营养物质含量高、水分含量低的基本质量标准。

3. 质量认证打造产品品牌

适时启动“品牌创建年”活动，大力开展“三品一标”创建和认证工作，把“平武中蜂+”系列特产创建为无公害、绿色、有机产业。一是策划启动“食药同源”农业文创工作，创建“食药同源，平武原生”区域品牌，让平武特色农产品成为优质生态品、旅游商品和馈赠佳品，提高市场认可度和号召力。二是将国家地理标志保护产品“平武中蜂”协议授权给符合条件的龙头企业使用，鼓励企业加大“三品一标”认证力度，对取得“三品一标”的企业和新型经营主体并给予资金支持和奖励。三是开展清真食品认证工作，并鼓励和引导企业进行“欧美标准”认证工作。截至目前，平武中蜂获国家地理标志证明商标，通过 HACCP 体系认证，获得出口欧盟地区的资质，食药同源文化品牌注册工作即将完成，大山老槽蜜、羌家蜜、百花蜜等企业品牌成功进入高端市场，全县“三品一标”认证已达到 80 个。

（四）以延伸产业为基础拓展市场

1. 夯实基础推进产业“接二连三”

基于平武蜂产业在产品质量和品牌上取得了一定成效的实际，产业发展积极向二三产业延伸，促进中蜂产业“接二连三”，探索三产融合的生态文明发展道路。一是通过“平武中蜂+”产业的不断发展，产品产量不断增加、产品质量不断提高，进一步延伸产业链条，促进加工业、饮食业的发展。二是在种植蜜源植物的过程中，因势利导，巧妙规划，形成规模和特色，打造一道亮丽的观光风景线，助推休闲观光农业和乡村旅游业的发展。三是通过发展中蜂产业，提高农户种植蜜源植物积极性，调整了产业结构，减少农药化肥等使用，生态环境得到保护，为生态文明建设做出贡献。目前，“平武中蜂+”特色产业、加工业、以生态旅游为主的服务业已得到长足发展。

2. 抓住机遇拓展国际国内市场

在产业链延伸的基础上，立足供给侧改革、一带一路建设等宏观环境，从两个方面构建市场拓展机制。一方面，稳固拓展国内市场。一是推进农业供给侧改革，发展电子商务及“互联网+”，绿野科技、康昕集团加入天猫、京东等大型电商平台，成功创建平武一点通、平武生态农特馆、润生众品等电商平台，加强农村电商、微商建设和培育，着力解决“最后一公里”问题。二是引导和扶持龙头企业在全国一二三线城市建立生态农产品体验店，在北京、上海、广州等一线城市建立平武生态农产品展示展销厅。三是按照“政府搭台，企业唱戏”的方式，积极组织县域企业参与川货北京行、新春购物节、糖酒会、博览会、推介会等各种展会活动，大力开展定制农业和团购业务，成为平武蜂蜜和其他农特产品展示和展销的主渠道。另一方面，积极开拓国际市场。立足于“一带一路”发展战略，依托龙头企业落实蜂产品国际清真食品认证和欧盟认证，瞄准中东和欧美市场，让在中东呈现800元/500g的平武“大山老槽蜜”再创辉煌。

（五）取得成效

2016年，全县养殖平武中蜂6万余群，蜂蜜产量近500t，蜂产品产值近2亿元，人均可支配收入从9 216元增加到10 230元，贫困人口从19 649人下降到7 828人，“平武中蜂+”成为全县精准脱贫的主导产业。带动了当地农村劳动力本地就业，培养出一批懂养蜂技术和蜂产品质量控制的新型农民，促进了农业生产结构的调整。目前，全县蜂农7 000~8 000户，全县养殖平武中蜂约10万群，户均养殖10箱蜂以上，平均产量4千克/箱，蜂产品以蜂蜜为主，收入8 000元以上，主要的蜂蜜品牌有大山老槽蜜、羌家蜜、百花蜜等，零售价格在70~120元不等，蜂产品产值5亿元，促进了农民增收，提高了贫困地区农户的生活水平。

四、“平武中蜂+”扶贫模式制度特征

（一）构建“益贫性”利益联结机制，增强扶贫内生动力

《中国农村扶贫开发纲要（2011—2020年）》将“更加注重增强扶贫对象自我发展能力”列为新时期扶贫开发的重要目标之一。“将发展能力的提高作为未来扶贫的重要目标，这意味着贫困不仅仅是发展机会的缺失导致的，也是发展能力的不足导致的”[20]。新时期的产业扶贫被认为是“造血式”扶贫模式的重要举措，注重贫困人口能力提升，促使贫困地区“内源性发展”是全面建成小康社会时期扶贫开发工作的终极目标所在[21]。“内源性发展”

注重发挥内生性作用，注重外部组织协助和外部环境的协调，强调主体的参与性，即注重本地民众能力和潜能的挖掘与培养。

“平武中蜂+”扶贫模式通过构建“益贫性”利益联结机制，凸显农民主体地位，强调贫困户的参与，从而增强扶贫内生动力。具体表现在：一是构建“益贫性”的利益联结机制。平武多采用“公司+村集体+贫困户”的利益联结机制，在蜂产品产出分红占比分配中，企业占四成、贫困户占四成、村集体占两成。这种利益联结机制优先考虑贫困户的利益，强调贫困户与企业的参与性，虽然贫困户与公司的分成比例一样，但贫困户只需将质量合格的蜂产品交给企业即可参与利益分成，而企业更多的强调社会责任，相关采用提供技术支持与服务、质量监测与品牌塑造、产品收购与销售以及利润返还等形式保证参与蜂产业贫困户的相关利益，承担社会责任。二是培育新型经营主体，支持贫困户为主体的蜂业专业合作社发展，强调贫困户在蜂产业扶贫中的主体地位。农民合作社的发展在一定程度上能克服贫困户分散生产的弊端，优化农业资源配置，增强农业抵御风险的能力。更重要的是，在合作社中，贫困户通过参与蜜蜂养殖与管理等技术培训，能够增强生产经营意识，提高自身生产能力。三是强调贫困户的参与性。贫困户的参与可以避免扶贫开发工作中的单向物质扶贫，有利于增强贫困户发展产业、脱贫奔康内生动力。平武参与式的蜂产业扶贫体系的建立主要体现在两个方面：一方面，贫困户可以通过自主养殖、代养、托管等多种方式参与到合作社、蜜蜂产业园区等“平武中蜂+”发展模式之中；另一方面，通过发挥中蜂养殖示范户的强示范效应，促使贫困户相互参照学习，形成产业发展的内生动力。

（二）产业扶贫与生态保护耦合发展

1. 经济开发与生态保护同步发展

贫困地区往往与生态脆弱地区高度重合，贫困和生态是相互交叉不可分离的，生态脆弱是导致贫困的重要因素[22]，产业发展又可能是生态破坏的主要原因。从绿色减贫的观点出发，尊重、保护和改善贫困地区原始生态环境，守住生态和发展这两条底线，树立保护生态环境就是保护生产力，改善生态环境就是发展生产力的理念，将生态环境作为产业贫困的一种策略，结合经济发展和生态保护，发挥资源禀赋，实现资源的优化配置，提高产业扶贫效率。“平武中蜂+”产业扶贫模式正是兼顾产业发展与生态保护的双重目标，实现了贫困地区减贫与生态文明共赢。平武独特的地形地貌、植被与气候形成了较为原始的自然生态资源，各种野山花和中草药花等蜜源植物丰富，在当地政府积极探索将生态优势与脱贫攻坚融合的政策引导下，确定发展蜂产业，扩种蜜源经济作物，保护和改善原始蜜源区，将生态资源转化可创造利润的资产，在政府、企业、合作社和农户等主体的协同合作下，将蜂产品推向国际国内市场，将资源转化为资本，实现生态资源保护与经济效益提升双赢。

2. 为生态扶贫机制嵌入良好商业模式

一方面，绿色扶贫强调经济效益、社会效益和生态效益的和谐统一。绿色扶贫区别于传统的扶贫经济发展模式，通过利用自然规律，结合宏观经济手段和社会活动，致力于构建人与自然和谐共生的扶贫体系，追求生态环境保护和可持续发展。另一方面，绿色扶贫单纯的生态效益不能满足扶贫开发的经济需要。面对严峻的扶贫开发现实，地区往往需要在短时间内提升经济生产效率，增加贫困农户收入，单一的强调绿色扶贫的生态价值必然会导致投入经济效益不明显，但又不能再依靠资源开发和技术植入等“输血式”扶贫措施来实现经济发展。因此，需要在绿色扶贫体系中嵌入合适的商业模式，以保证绿色扶贫产业可以实现经济赢利。“平武中蜂+”扶贫模式在发展蜂产业扶贫过程中，以龙头企业为核心为产业体系嵌入良好商业模式。一是以绿色生态为核心，严格蜂产品生产全程质量监控，生产出生态优质的高质量产品。二是立足地区生态文化优势，通过各类质量认证和品牌打造，提高平武蜂产品的知名度。三是着眼于国内外高品质消费者，线上线下结合开拓产品市场，以高附加值的产品获取经济利益。

（三）以政府主导进行顶层设计和技术服务资源整合

政府制度设计提供基本政策保障，为平武中蜂产业发展指明方向。产业扶贫与生态保护耦合发展的制度设计将脱贫攻坚与生态发展双重目标结合，是“平武中蜂+”扶贫模式实现脱贫与生态双重效应的重要制度保证。在可持续发展与生态文明建设的发展目标下，平武县政府明确提出要在推进供给侧结构性改革中，发展绿色化产业，明确指出全县要以生态旅游产业为核心，围绕农村电子商务按需发展科技服务业。这一顶层设计为平武的扶贫开发工作提供了实施框架和重要制度支撑。同时，在上级部门制定出台的《生态文明考核指标体系》中，也明确了平武等重点山区生态功能县突出生态建设和环境保护，重点体现生态效益和社会效益，不再考核地区生产总值及增速等指标。这为平武县政府积极探索将生态资源与脱贫攻坚融合发展的创新道路解除了后顾之忧，“平武中蜂+”扶贫模式就在这样的制度环境下营运而生。

技术服务体系是“平武中蜂+”扶贫模式的关键，蜜蜂养殖技术与蜂产品检测技术是该产业的技术核心内容。为了突破偏远地区技术服务资源社会化供给瓶颈，“中蜂+”模式充分体现了政府主导下企业与合作社带动、农户参与的技术驱动型扶贫产业化过程。在平武传统养蜂技术的基础上，企业从蜂产业的上下游分别投入技术支持与服务支撑，为蜂产业的发展创造出良好基础，这种基础主要由蜜源植物、养蜂技术、质量监测、品牌打造与企业园区平台组成。蜜源植物因地制宜，结合各个贫困村的自然生态条件种植不同的蜜源经济作物，为蜂产业发展提供了良好的蜜源基础。部分贫困户虽然有一定的养蜂技术，但停留在传统养殖技术层面，受教育程度低和专业技能不高制约了整个产业的进一步发展，专业的技术指导和培训加上典型农户的示范带动，促使贫困户通过模仿学习提升了自生的技术水平，为参与到蜂产业中提供了重要的技术支持。质量监测对蜂产品品质保证做出了重要保障，从蜜源到产品的全过程监测以及高端检测设备的运用保证了蜂产品的质量，可以增强产品市场竞争力。立足传统“老槽蜂蜜”和生态特色进行品牌塑造，增强产品知名度，拓宽市场份额。政府主导下的园区建设是整合多方要素的重要平台，园区基础设施、养殖设备等硬件设施的建成为村容村貌改善和蜜蜂产业发展提供了支撑，政府财政资金为蜂产业发展的技术人才培养、品牌塑造等提供了保障。

五、“平武中蜂+”扶贫模式政策启示

（一）重视中蜂产业发展

中蜂产业在产业扶贫中具有诸多优势，集中体现在：一是提升贫困群众的自我发展能力，增强扶贫开发工作的内生动力。中蜂适应能力强、养殖成本低，适合山区贫困农户养殖，中蜂养殖技术难度小、见效快，农户在模仿学习养殖技术过程中容易获得成就感，短期见效能让贫困农户明显感受到自生能力提升，激发其积极发展生产的积极性。二是促进地区经济的发展。中蜂产业发展成本低，产品附加值高，同时，中蜂产业容易与二三产业结合，产业链长，经济效益明显，能够有效推动产业扶贫工作，促进地区经济发展。三是促进生态环境保护。“平武中蜂+”扶贫模式在发展过程中广泛种植多种蜜源植物，有效避免种植单一作物和生态系统生物多样性需求之间的矛盾，同时，为满足蜂产品的高质量要求，对采蜜区生态环境提出更高要求，将原始蜜源区的居民迁出，实施更加严格的生态环境保护措施。

（二）积极构建农业产业化联合体

在各种形式的主体联合发展模式中，产业化联合体是以产业链为依托，

各主体优势互补、分工协作的产业化经营组织联盟，在产业发展中具有重要作用。一是纵向联合推动产业链延伸。在平武中蜂产业化联合体中，龙头企业、合作社和农户各自承担蜂产业链条中的不同环节，纵向联合，各有分工，产业链前端种植蜜源植物，经过合理规划、巧妙布局，向第三产业延伸，后端发展蜂产品开发加工，向第二产延伸。二是构建"益贫性"利益联结机制，维护贫困群众利益。联合体各主体之间均存在利益博弈，各方要共同有效推动产业扶贫，需要"风险共担，利益共享"的紧密型利益联结机制。"平武中蜂+"扶贫模式在机制构建中，积极发挥政府作用，在政策、资金等方面扶持为扶贫工作做实事、见实效的公司企业、合作社等发展；在机制运行中，订立合同契约规范各方的责权利；在利益分配中，重视贫困户所得比例，调动贫困户发展产业的内生动力。三是完善服务机制，推动产业发展。作为养殖主体的农户前有政府、龙头企业与合作社提供的政策、资金、技术，后有其提供的品牌和市场作为保障，在整个生产养殖过程中都能享有完善的服务。

（三）坚持生态与经济同步发展

自然条件恶劣与生态系统脆弱是少数民族地区扶贫开发面临的最主要限制因素。扶贫工作只能从这个限制因素中寻找新的发展机遇和突破口，而不能超越自然生态环境约束，进行大规模的资源开发与利用，否则，会带来严重的生态灾难并持续贫困。建立农村扶贫与生态产业发展的联动机制，就是将地区生态环境保护工作、生态产业发展与农村扶贫结合起来，实现保护与发展的双赢。"平武中蜂+"扶贫模式结合地区生态实际，一是整合原有生态资源和传统技术资源，结合政府、企业投入的资金、技术和人力资源等产业发展要素，以绿色生态为核心发展中蜂扶贫产业。二是在强调"平武中蜂+"扶贫模式生态效益的同时，以企业为中心为产业体系嵌入适当的商业模式，确保生态效益与经济效益双赢。

（四）积极发挥政府主导作用

农业是弱质产业，贫困问题痼疾难消，产业扶贫离不开政府的大力支持。"平武中蜂+"扶贫模式建立过程中，政府的主导作用主要体现在以下几方面。一是提供政策支持，通过制定出台和贯彻落实各类支持政策，优化产业发展的宏观外围环境，设计制定各种规划计划，发挥总揽全局、协调各方的作用。二是搭建发展平台，搭建合作平台，促进外界企业与联合体内主体开展技术、保险、金融等各方面的合作，搭建销售平台，组织开展各类展会活动促进蜂产品销售。三是提供资金和技术支持，通过整合各级财政资金、扶贫资金、产业发展资金等提供资金支持，通过农技推广队伍建设、组织农民参与培训、建设专业技术队伍等提供技术支持。

参考文献

[1] 张天琪，胡军珠和王金花．特色产业助力精准扶贫模式实证研究——以北京平谷海鲸花蜂产业为例［J］．产业经济，2017（2）：38-40.

[2] 谢谦．郴州市安仁县产业扶贫发展研究［D］：硕士论文．长沙：湖南师范大学，2013.

[3] 全承相，贺丽君和全永海．产业扶贫精准化政策论析［J］．湖南财政经济学院学报，2015，31（153）：118-123.

[4] 余欣荣．产业扶贫精准脱贫［J］．中国领导科学，2016（8）：6-9.

[5] Ravallion，M，Chen，S. China's（uneven）Progress against Poverty［J］．Journal of Development Economics，2007（82）：1-42.

[6] DavidBigman，P. V. Srinivasan. Geographical targeting of poverty alleviation programs：methodology and application sinrural India［J］．Jounal of Policy Modeling，2002（24）：237-255.

[7] KateBird. The Intergenerational Transmission of Poverty：Ano-verview［J］．CPRC Working Paper，2007.

[8] KeithOpenshaw. Biomassenergy：Employment Generation and its Contribution to Poverty Alleviation［J］．Biomass and Bioenergy，2010（34）：365-378.

[9] 梁晨．产业扶贫项目的运作机制与地方政府的角色［J］．北京工业大学学报（社会科学版），2015，15（5）：7-15.

[10] 范东君．精准扶贫视角下我国产业扶贫现状、模式与对策探析——基于湖南省湘西州的分析［J］，中共四川省委党校学报，2016（4）：74-78.

[11] 李荣梅．精准扶贫背景下产业扶贫的实践模式及经验探索［J］．青岛农业大学学报（社会科学版），2016，28（4）：1-5.

[12] 韩斌．我国农村扶贫开发的模式总结和反思［J］．技术经济与管理研究，2014（6）：119-122.

[13] 汪三贵．农村扶贫的核心是产业扶贫——专访中国人民大学反贫

困问题研究中心主任［J］. 农经，2016：32-35.
［14］ 郭京裕，宋海燕．产业扶贫问题浅议［J］. 当代农村财经，2017（3）：30-31.
［15］ 刘喜．农村扶贫开发的模式总结和反思的研究［J］. 商，2016：64.
［16］ 姚华清．龙山中蜂养殖与精准扶贫的模式探讨［J］，基层农技推广，2017（2）：98-99.
［17］ 黄斌，张世文，张贵谦．精准扶贫的好产业——中蜂养殖［J］. 甘肃畜牧兽医，2016，46（9）：8.
［18］ 邓淑红，李泓波．秦巴山区连片特困地区农业产业扶贫研究——以陕西省山阳县中蜂产业为例［J］. 陕西农业科学，2016，62（9）：110-113.
［19］ 何成文，徐祖荫．中蜂养殖在贵州扶贫中的模式探讨［J］. 蜜蜂杂志（月刊），2017（1）：20-22.
［20］ 黄承伟．新形势下我国贫困问题研究的若干思考［M］. 与中国农村减贫同行：上．武汉：华中科技大学出版社，2016：79.
［21］ 黄承伟，邹英，刘杰．产业精准扶贫：实践困境和深化路径——兼论产业精准扶贫的印江经验［J］. 贵州社会科学，2017（9）：125-131.
［22］ 黄承伟，周晶．减贫与生态耦合目标下的产业扶贫模式探索——贵州省石漠化片区草场畜牧业案例研究［J］. 贵州社会科学，2016（2）：21-25.

中国养蜂业直接支持政策现状与对策

孙翠清　赵芝俊

一、引言

授粉是显花植物生长必不可少的环节，蜜蜂是自然界最主要的传粉昆虫。随着化学农药的大量使用和多样化生态环境的过度破坏，自然界的野生蜂类大量减少，无法满足单一作物规模化种植的现代农业生产方式的授粉需求，现代农业作物授粉只得依赖人工饲养蜜蜂，因此，养蜂业也被誉为“农业之翼”。为了保证农业生产的基本需求，欧美国家对养蜂业的发展十分重视，出台扶持政策并投入大量财政资金进行支持。但在我国，无论是政府、学术界还是公众，对养蜂业的重视和关注程度均不足，原因主要在于以下两个方面。

（一）国内对养蜂业作用的认知比较片面

绝大多数人对于养蜂业作用的认识仅停留在提供蜂产品层面，对蜜蜂授粉重要性的认识不足。而居民饮食习惯决定了我国居民的蜂蜜消费量少，人均仅为250克，相比之下，日本为300克，美国为500克，德国为1 000克，在德国，蜂蜜几乎是早餐必备之品。由于消费量少且不是生活必需品，蜂产品对中国居民消费结构的影响就很小，因此，若把养蜂业等同于提供蜂产品，必然会低估其重要性。

同时，我国长期以来在农业生产中推广普及人工授粉以替代昆虫自然授粉，由此导致蜜蜂有偿授粉没有形成有效市场，蜜蜂授粉服务价格严重低于其实际价值，导致蜂农不愿意提供蜜蜂有偿授粉，使得蜜蜂授粉的重要作用日益被人们所忽视。另外，国内理论界对蜜蜂授粉宏观经济价值的权威测算和宣传较少，也是蜜蜂授粉的重要性没有引起政府和大众足够重视的原因之一。

（二）养蜂业在农业政策支持优先序中排位靠后

在政府财力有限，粮食安全问题尚没有彻底解决的情况下，国家的三农政策必然优先支持粮食等关系国计民生的基础性农产品。而如前所述，在政府没有充分意识到蜜蜂授粉的重要作用的前提下，养蜂业显然不能成为政府优先支持的农业产业。

本研究就通过阐述养蜂业对农业生产的重要作用，借鉴国外养蜂业支持政策经验，以及国内其他农业产业支持政策的经验和教训，来分析未来养蜂业支持政策的重点内容与支持方式。

二、对养蜂业进行政策支持的依据

（一）养蜂业对农业生产具有重要辅助作用

除粮食作物外，大部分显花作物的瓜果、蔬菜、经济作物和牧草等都依赖以蜜蜂为主的昆虫授粉。全世界约有 400 种作物依赖蜜蜂或其他蜂类授粉，其中美国有 130 种作物依赖蜜蜂授粉（Southwick，1992），欧洲 84%的作物依赖以蜜蜂为主的昆虫授粉（Willians，1994）。

养蜂业对农业生产的作用体现在作物产出的直接经济效益、整个社会的间接经济效益以及社会生态效益三个方面。

1. 直接经济效益

大量对比实验数据表明，人工饲养蜜蜂授粉能够显著提高作物单产和改善产品质量，直接增加作物产出的直接经济效益。其中，蜜蜂授粉对苹果、猕猴桃、油桃、向日葵、西红柿、油茶等作物部分品种的增产作用可达 1 倍以上。蜜蜂授粉也能降低作物果实畸形果率、增加果实的某些营养成分，提高油料作物出油率，促进果实和种子的发育完全和早熟，也不会对花朵造成机械损害。蜜蜂授粉比人工授粉在提高作物直接经济效益方面具有显著优势。

2. 间接经济效益

蜜蜂授粉为社会带来的间接经济效益也是巨大的。早在 20 世纪 80 年代，美国学者就测算出美国蜂类授粉的宏观经济价值为 189 亿美元，是蜂产品产值的约 143 倍（Levin，1983），这一结果至今仍被作为权威参考值而被经常引用。此后陆续有其他学者对美国蜜蜂授粉的经济价值进行测算（Robinson，1989；Southwick，1992；Morse，2000）。对我国蜜蜂授粉经济价值的测度研究虽然比较少，但均显示蜜蜂授粉的经济价值较大（安建东，2011；刘朋飞，2011），为年均 500 多亿美元，相当于全国农业总产值的 12.3%，是养蜂业总产值的 76 倍。

3. 社会生态效益

除了显著的经济收益以外，与人工授粉相比，蜜蜂授粉还能减少农药和生长激素等化学物质的使用，提高农产品质量安全，具有较高的生态效益。因此，养蜂业是发展优质、高效、绿色生态农业不可或缺的一部分。依赖蜜蜂授粉的作物主要是除粮食作物以外的蔬菜、水果和油料等经济作物，这些作物为人们提供的食物丰富了人们的膳食结构，为人们提供了更全面的营养，是满足人民日益增长的美好生活需要的保障条件之一。

（二）养蜂业是弱质性产业

养蜂业是典型的弱质性产业，其受气候和灾害的影响频率高、程度大。在过去气候较正常的年代，养蜂业呈现规律性的大小年，而近年来，异常气候的频繁发生对养蜂业造成了沉重打击，绝收赔钱的情况时有发生，大大打击了蜂农的养蜂积极性。而且养蜂业比其他农业产业生产条件艰苦百倍，尤其是转地放蜂的养蜂模式，年轻人大多不愿意从事养蜂业，我国养蜂业老龄化严重，面临后继乏人的窘境，养蜂业处于不断走下坡路的困境。因此，养蜂业亟需政府给予扶持以提振蜂农信心。

三、中国养蜂业支持政策现状

近年来随着“三农”投入持续增加，国家也零星出台了一些养蜂支持政策，表明政府对养蜂业的重视程度也有所提高，农业部先后制定了一些蜂业发展和支持政策。

（一）养蜂生产管理政策

2009 年，《关于进一步完善和落实鲜活农产品运输绿色通道政策的通知》，将蜜蜂（转地放蜂）列入鲜活农产品品种目录。从 2010 年起，蜂农转地放蜂走高速公路享受绿色通道免费通行政策。2010 年 12 月 27 日，农业部发布《全国养蜂业“十二五”发展规划》，对我国养蜂业发展做出了部署。2011 年12 月 13 日，农业部发布《养蜂管理办法（试行）》，对养蜂生产管理、转地放蜂和蜂群疫病防治做出了规定。

（二）蜜蜂授粉政策

2010 年 2 月 21 日，农业部发布《蜜蜂授粉技术规程（试行）》，对大田和设施作物的蜜蜂授粉技术做出了规范。2010 年 2 月 26 日，农业部发布《关于加快蜜蜂授粉技术推广　促进养蜂业持续健康发展的意见》，提出强化蜜蜂授粉的产业功能。农业部办公厅从 2014 年起实施《蜜蜂授粉与病虫害绿色防控技术集成示范方案》，建立蜜蜂授粉示范基地，推广病虫害绿色防控技术。

（三）蜂机具补贴政策

为提升养蜂业机械化、规模化和标准化水平，2012年1月6日，农业部发布《2012年农业机械购置补贴实施指导意见》，将养蜂专用平台（含蜜蜂踏板、蜂箱保湿装置、蜜蜂饲喂装置、电动摇蜜机、电动取浆器、花粉干燥箱）纳入农业机械购置补贴目录。2013年5月26日，农业部又发布《关于促进发展养蜂业机械化的通知》，提出积极支持鼓励先进养蜂机械的研发推广，进一步加大对养蜂业机械的补贴力度，继续加强养蜂业机械化的宣传服务。2016年，中央财政农机购置补贴安排资金1000万元，由山东省牵头，制订了《2016年养蜂工机具示范推广试点项目实施方案》，全国11个省（山东、吉林、黑龙江、江苏、浙江、安徽、湖北、湖南、江西、四川、重庆）蜂群基础规模在80群以上，专业从事蜜蜂养殖的规模养蜂场户、合作社购买蜂机具给予适当补助，补贴范围除了原有纳入农机补贴的农机具外，还开展试点补贴蜂箱，补贴标准为蜂箱购买价格的30%，且购买数量不低于100个。

（四）蜜蜂种质资源保护和良种补贴政策

2016年11月11日，农业部出台《全国畜禽遗传资源保护和利用“十三五”规划》，将新疆维吾尔自治区的黑蜂列为“我国地方畜禽遗传资源濒危品种”。2016年5月30日，农业部办公厅、财政部办公厅《关于做好2016年现代农业生产发展等项目实施工作的通知》提出，在山东省启动蜜蜂良种补贴试点，对养蜂场户购买优秀蜂王给予适当补贴，提高养蜂业良种化水平。具体补贴对象、标准由山东省结合实际研究确定。2016年8月5日，《山东省2016年畜牧良种补贴项目实施指导意见》确定了具体的蜜蜂良种补贴试点方案。方案规定补贴对象为存栏80箱以上的养蜂场户，补贴标准为每只优秀种蜂王补贴150元，补贴品种为中华蜜蜂和意蜂等西蜂。

（五）地方养蜂扶持政策

部分养蜂发达或经济实力雄厚的市（县）对当地养蜂业给予了一定扶持。

如北京市密云县大力扶持农民养蜂。从2005年起，密云县对年内新发展的蜜蜂养殖户发放补贴，蜂群达到30箱（含）以上的，给予每箱150元的资金扶持。此外，政府统购优质蜜蜂210群，优质杉木蜂箱2 035套，组装1 000套，免费发放给蜂农。2005—2007年三年时间，共投入县级财政资金600万元（马玉珍，2008）。2015年，密云县又提出建设水库一级保护区蜜蜂产业带，对保护区内3年内未饲养过蜜蜂的农户，每群蜂给予600元的补贴，包括每户扶持蜂群20~200群，以及蜂机具。对非水库一级保护区的全县农户继续实施养蜂普惠政策，基础养蜂规模在20群以上，并加入养蜂合作社的农户，每扩繁一群蜂给予300元的物化补贴，包括购买种蜂王、蜂箱、蜂机具等（梁崇波，2015）。

浙江省于2005年制定了《养蜂业风险救助暂行办法》，由政府、蜂业企业和蜂农三方出资，救助在生产一线期间遇到不可抗拒的重大自然灾害（如地震、洪水、火灾等）和突发性重大灾难事故（如车祸、非法伤害等）造成人员伤亡和遭受重大经济损失而得不到合理赔偿的蜂农。

杭州市萧山区在2012年出台了《萧山区养蜂业扶持项目资金管理办法（试行）》，预计每年将安排不少于30万元的蜂产业扶持资金。

新疆莎车县为发展对蜜蜂授粉依赖度较高的巴旦木产业，在2009年，出台养蜂直接补贴政策，当地农民每发展一箱蜂可获得补助100元，外地养蜂户每箱补助30元（周科，2009）。

（六）小结

根据以上对我国养蜂支持政策的梳理可见，中国目前的养蜂业政策以行业规范较多，直接支持政策较少，全国性的直接支持政策只有转地放蜂“绿色通道”政策、蜂机具和蜂种补贴政策。根据调研结果，转地放蜂享受“绿色通道”政策对减轻养蜂者负担起到明显作用，但蜂机具补贴政策执行效果并不理想，以养蜂车为代表的蜂机具在实际生产中并不适用，因此购买享受补贴蜂机具的蜂农并不多，蜂箱和蜂种补贴刚刚开始试点，实施效果还有待观察。地方实施的养蜂扶持政策具有地方特色，但受益对象范围十分狭窄。由于体制和人为因素的影响，要使现有的养蜂扶持政策在具体的操作过程中真正落实到位也存在一定困难。总体来说我国的养蜂直接支持政策内容比较零散，支持水平较低。养蜂直接支持政策在局部地区对蜂农养蜂积极性有促进作用，但对全国养蜂业发展的推动作用有限。要振兴养蜂业，目前的这些政策支持是远远不够的，与欧美国家对养蜂业支持水平相比，还存在较大差距。

四、国外养蜂业直接支持政策效果与启示

养蜂发达国家的政府通常十分重视本国蜂业发展，对养蜂业给予大量扶持政策以及财政资金支持，因此参考并借鉴养蜂发达国家或地区扶持养蜂业

发展的成功经验十分必要。对养蜂业给予直接支持政策最多的是美国和欧盟。

（一）美国

对养蜂业实行直接补贴时间最早、力度最大的国家当属美国。美国是世界养蜂发达国家，虽然近年来美国蜂群数量持续下降，但其蜂群保有量和蜂蜜产量均在世界前十位之内。美国农业生产高度依赖蜜蜂授粉，尤其是美国加州大面积商业化种植巴旦木，对蜜蜂授粉有着巨大的不可替代的需求，因此美国政府十分重视蜜蜂为作物授粉问题。美国政府希望通过直接支持蜂蜜生产行为，以间接保证有足够的蜂群为作物提供授粉服务。其早在 1950 年就开始实施蜂蜜价格补贴政策，并将政策写入农业法案。政策执行形式由开始的直接收购蜂蜜转为向蜂蜜生产者提供销售援助贷款，以保证在蜂蜜市场不景气的情况下蜂蜜生产者有稳定的收入。蜂蜜生产者可以将蜂蜜以规定的贷款率索抵押给政府以获得贷款，先后有无追索权和有追索权两种销售援助贷款，其中前者无须偿还本息，后者则需按规定价格偿还（孙翠清，2012）。根据 2014 年美国《食物、农场及就业法案》，在 2014—2018 财年期间，蜂蜜继续享受无追索权的销售援助贷款，贷款率为 0.69 美元/磅。1950—2017 年美国蜂蜜价格支持政策的财政资金支出累计达到 7.6 亿美元以上[①]。

美国的蜂蜜价格支持政策曾饱受争议。美国审计署（1985）向国会提交的一份研究报告中指出，为了生产更多蜂蜜以获得更多的蜂蜜价格补贴，蜂蜜生产者往往到蜜源植物流蜜多，面积大的地区放蜂，而那些对蜜蜂授粉依赖性强的农作物往往并不是最好的蜜源植物，享受了蜂蜜价格补贴的蜂蜜生产者中实际能为农作物提供有偿授粉的却很少。规模较大的种植者甚至自己饲养蜜蜂用于授粉。因此，蜂蜜价格支持政策不仅没有起到为农作物提供足量授粉蜂群的预期目标，而且其政策执行成本较高，只有少数蜂蜜生产者从中受益，同时政府对该政策执行的监管不足，因此美国审计署建议取消蜂蜜价格支持政策。

根据 FAO 统计数据，多年来，美国的蜂群数量和蜂蜜产量呈总体下降趋势。蜂群数量由 1961 年的 551.40 万群，下降到 2014 年的 274 万群，蜂蜜产量由 1961 年的 12.43 万吨，下降到 2014 年的 8.09 万吨（图 1）。可见，蜂蜜价格支持政策并没有实现增加蜂群饲养量的目标。

首先，美国的蜂蜜价格支持政策不仅没有达到预期的政策目标，而且该政策属于 WTO 农业协议规定需要承诺削减的“黄箱政策”，因此从 WTO 规则

---

① 受数据获取所限，统计期间为 1950—2001 年，2004—2013 年，2016—2017 年。其中 1950—2001 年数据来自 Mary（2003），其余数据来自于美国农业服务局网站（Farm Service Agency，FSA）。

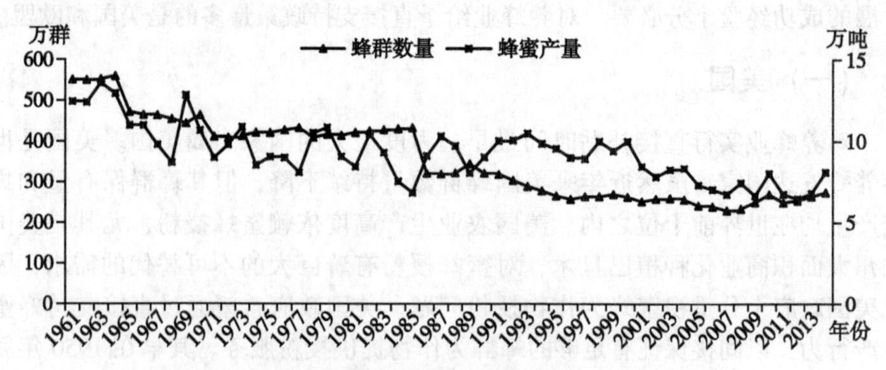

图 1　美国蜂群数量与蜂蜜产量变化趋势（1961—2014）

数据来源：FAO 数据库。

角度来看，我国对养蜂业实施价格补贴的空间也有限。其次，由于我国没有严格执行养蜂注册制度，国内蜂产品市场监管不到位，目前的蜂产品标准难以作为蜂产品质量评判的有效准则，导致蜂产品市场混乱，使得价格支持政策无法在我国养蜂业中有效实施。另外，我国与美国的商业化养蜂模式也存在很大差异，美国的商业养蜂人数量少，规模大，每个养蜂人动辄饲养几千群蜂，便于蜂蜜价格政策的实施，而我国的商业养蜂人数量多，规模小，如果实施价格支持政策，将面临较高的交易成本。因此，我国养蜂业不适合实施直接的价格支持政策。

（二）欧盟

欧盟对养蜂业也十分重视。欧盟是仅次于中国的世界第二大蜂蜜产区，同时也是蜂蜜净进口地区，蜂蜜自给率仅为 60%。从 2007 年起，西方国家不断出现蜂群不明原因大量消失的报道，引起了各界对授粉蜂将会严重不足的担忧。为此，欧盟设立了“国家养蜂项目（National Apiculture Programs）”来支持各成员国养蜂业的发展，目的是改善养蜂条件，保护蜂群健康，保证农业授粉需求以及生物多样性，该项目得到了各成员国的积极支持。项目资金主要用于养蜂技术援助、病虫害防治、蜂群数量恢复、蜂产品市场营销、蜂产品质量控制等方面，具体实施方案由各成员国自行确定。该项目以三年为一个周期，周期内每年发放固定补贴资金。各国获得的欧盟财政补贴额度按照各国蜂群数量多寡进行分配，并要求各成员国对获得的欧盟补贴资金按 1∶1 比例配套国内补贴资金，2017 年获得欧盟补贴资金最多的国家是西班牙、法国、希腊和罗马尼亚。在 2008—2010 年，2011—2013 年，2014—2016 年，2017—2019 年四个项目周期内，欧盟财政每年投入项目补贴资金分别为

2 600万欧元、3 200万欧元、3 310万欧元和3 600万欧元。12 年间该项目投入养蜂扶持资金累计将达到 7. 63 亿欧元。以罗马尼亚为例，符合条件的蜂农，在 3 年项目周期内，平均每人获得约 4 500欧元补贴。欧盟也适时地对“国家养蜂项目”的政策内容进行调整，最新的政策内容如下表所示。

欧盟“国家养蜂项目”政策供各成员国选择的扶持内容：

- 对养蜂者给予技术援助
- 应对物种入侵和蜂病，尤其是蜂螨（之前的政策条款中只有蜂螨）
- 更合理的转地放蜂模式
- 蜂产品分析（之前的政策条款中只有蜂蜜）
- 种群恢复
- 应用性研究
- 市场监管
- 提高产品质量

“国家养蜂项目”所采取的综合性扶持措施，对欧盟各成员国养蜂业发展刺激显著，蜂群数量和蜂蜜产量均有显著增加。蜂群数量由 2004—2006 年的年均 1 163. 10万群，增加到 2014—2016 年的年均 1 570. 43万群。养蜂人数量由 2004—2006 年的 59. 32 万人，增加到 2014—2016 年的 63. 12 万人。

欧盟扶持养蜂业的主要政策目标与美国相似，就是提高蜂群数量以保证作物的授粉需要，但欧盟采取了和美国截然不同的养蜂扶持政策。美国的蜂蜜价格支持政策属于市场干预政策，对蜂群饲养量的影响比较间接，而欧盟采取的是一整套直接针对生产环节的政策，从蜂群、养蜂者、蜂产品，以及科研等方面进行多角度支持。从统计数据结果来看，欧盟的养蜂扶持政策对于促进养蜂生产发展是十分有效的，并且也不会对蜂产品市场价格产生扭曲，属于“绿箱政策”。我国与欧盟的养殖规模相似，都以小规模养殖模式为主，欧盟养殖规模在 150 群以下的养殖户占 96%，我国平均蜂群养殖规模也在几十群左右。因此，欧盟的综合性养蜂扶持措施对我国养蜂业更具有借鉴意义。

五、中国粮食直接补贴政策的经验借鉴

（一）粮食直接补贴政策回顾

为了实现粮食增产和农民增收，保证粮食安全，同时配合粮食流通体制

改革，我国从2004年起开始对重点粮食作物实施直接补贴政策，并不断扩大补贴范围和种类，逐步形成了一套覆盖种植业和养殖业，由普惠性补贴政策和目标补贴政策相结合的农业直接补贴政策体系。种植业领域的直接补贴政策包括种粮农民直接补贴（水稻、小麦、玉米、大豆、青稞、油菜、花生、棉花、马铃薯、小杂粮）、农作物良种补贴、农资综合补贴、种粮大户补贴、农机购置补贴和农业支持保护补贴（合并种粮农民直接补贴、农作物良种补贴和农资综合补贴“三项补贴”）等。

（二）粮食直接补贴政策效果评价

我国粮食直接补贴政策已经连续实施14年，受到了广大农民的欢迎。粮食直接补贴政策目标的实现程度、实施效率和其对“三农”的影响是人们普遍关注的问题，因此关于粮食直接补贴政策实施效果的分析评价已有大量研究，研究结果表明，尽管粮食直接补贴在一定程度上增加了种粮农民的收入，但其补贴方式仍存在许多问题，主要导致了以下结果。

一是补贴目标偏离预期。粮食直接补贴方式有三种，按农业税计税面积和计税常产补贴、按实际种植面积补贴和按种粮农民向国有粮食购销企业出售粮食数量补贴。但实际中各地政府为了降低政策执行成本，多采用按计税面积补贴的方式。这就使“种粮补贴”实际上变成了“土地补贴”，使得补贴受益者往往并不是实际种粮者（杜辉等，2010）。有调查显示，80%左右的流转土地的补贴受益者是土地登记承包者而非实际种植者（黄季焜，2011）。多数研究表明粮食直补对农户扩大种粮面积，增加农业投入没有显著影响，而且由于补贴额度较小，对农民增收贡献也不大。因此，按照计税面积进行补贴的粮食直被并没有实现保证粮食安全的目标（马彦丽，2004；黄季焜，2011；余建斌等，2010）。

二是现金补贴的形式失去了政策意义。农资综合补贴与良种补贴等同“加强版粮食直补”，两者均采用发放现金的形式，前者政策目标为弥补农民生产资料价格上涨损失，但对资金用途无有效监测；后者政策目标为提升粮食产业竞争力，但多数地区往往是以水稻、小麦、玉米等粮食作物大类为补贴依据，并不具体区分是否是良种（杜辉等，2010）。因此，各种不同名义的补贴到农民那里都是现金，农民甚至分不清国家给的是什么目标的补贴。

因此，根据前人的研究结论，可以得出，我国实行的粮食直补政策的初衷很好，但由于补贴依据和补贴发放形式不尽合理，使得政策并没有达到预期的促进粮食增产、农民增收的目标。

（三）农业直接补贴政策动向

随着我国社会经济形势的发展变化和农业供给侧结构性改革的推进，政府也意识到粮食直补政策存在的问题和与新的经济形势的要求不相适应，对我国粮食直接补贴的目标、种类、对象和标准都进行了较大的调整，目的是提高补贴政策的指向性、精准性和实效性。

一是补贴目标由调动农民种粮积极性、保障粮食安全和促进农民增收向保护耕地地力、促进粮食适度规模经营和调整种植业结构转变；由激励性补贴向功能性补贴转变，由普惠性的覆盖性补贴向环节性补贴转变。

二是补贴种类不断扩大。获得补贴的农作物、畜禽和农机等种类都在不断地增加。

三是补贴对象由普通农户向规模化种植主体转移，由土地承包者向土地实际经营者转移。

四是补贴标准不断提高，不断加大补贴力度。

因此，对于新增加的农业补贴政策，预期将不会以简单低效的普惠性补贴的形式开展，而应是目标针对性地发放补贴。

六、构建中国养蜂业直接支持政策体系的建议

为了促进养蜂业发展，发挥其对农业生产的重要辅助作用，借鉴国外蜂业直接支持政策和国内粮食直接补贴政策的经验，本文探索性地提出以下养蜂直接支持政策体系的框架。

（一）政策目标设计

养蜂业直接支持政策目标：一是提高养蜂业综合生产力水平，二是促进蜜蜂有偿授粉在农业生产中的推广应用，前一目标是后一目标的基础，后一目标是发展绿色农业的必然要求。

（二）支持方式设计

宜采用目标支持和非现金形式的支持。

根据以上对我国农业直接补贴政策效果评价的总结，虽然普惠式的农业直接补贴政策对于提振农民的生产积极性，增强对国家支农政策的信心起到了较大的作用，但是普惠式的粮食直接补贴政策执行成本很高，政策执行效果也与预期目标有所偏离。直接发放现金的补贴形式也难以体现补贴的目标

性，现金形式的补贴实际上成为了变向的收入补贴，不能达到刺激生产的预期目标。因此，对养蜂业的直接支持政策宜采用目标支持和非现金形式的支持。

（三）政策体系框架设计

借鉴欧盟的综合性养蜂支持措施，本文认为我国养蜂业支持政策应该是一个完整的体系，而不应是单项补贴政策，以下提出养蜂业直接支持政策体系框架（图2），分为生产性支持政策和有偿蜜蜂授粉服务引导性支持政策两类。生产性支持政策包括对蜂农能力建设、蜂群生产力水平和养蜂手段三个方面的扶持。有偿蜜蜂授粉服务引导性支持政策按照不同的作物类型和种植模式确定不同的支持政策。

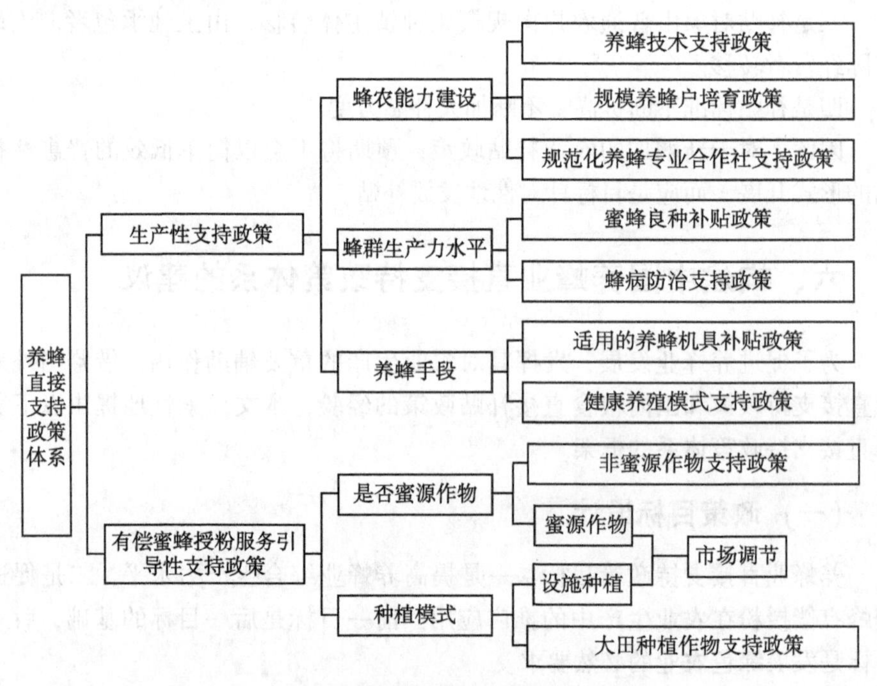

图2　中国养蜂业直接支持政策体系框架

1. 养蜂技术支持政策

（1）常规养蜂技术支持项目。我国蜂农的养蜂技术主要来源于实践经验总结和蜂农之间的“传帮带”，养蜂技术相对比较传统，蜂农获得技术支持的渠道狭窄。这种现状使得蜂农对先进养蜂技术的获得滞后，养蜂中出现问题也经常不能及时得到有效解决。在全国重点养蜂省和主要蜜源省设立常规性养蜂技术支持网络，能够提高我国养蜂技术水平。项目内容一是设立周期性的现场培训课程以及网络培训课程，二是设立养蜂场现场应急帮助系统，当蜂农在生产过程中遇到技术障碍时，会有专业技术人员赴现场指导。

（2）养蜂后继者培养计划。我国养蜂业老龄化严重，养蜂业面临后继无人的困境。通过设立养蜂后继者培养计划，鼓励和扶持年轻人学习养蜂技术。对新进入养蜂行业，并参加国家规定的培训课程的养蜂人，给予一定物质扶持，如养蜂用具、蜂群、蜂种等。培养计划课程设置理论和实践两方面内容。除了聘请蜂业科研人员进行课堂讲座外，还要聘用各地有丰富成功经验的老蜂农作为实践学习的指导教师。

2. 规模养蜂户培育政策

规模养蜂户是相对稳定的养蜂主体，是我国养蜂先进生产力的代表，规模养蜂户对于我国养蜂生产具有示范带动作用，对蜂产品市场也具有最直接的影响。欧盟国家也十分重视规模养殖户的发展。因此，应大力扶持和培育规模养蜂户，使其带动更多养蜂户发展。

3. 对规范化养蜂专业合作社的支持政策

养蜂专业合作社是蜂农的组织，规范的养蜂专业合作社一方面能够监督蜂农进行规范和安全生产，另一方面能够为蜂农提供生产用具采购、产品市场、信息沟通等各方面服务。养蜂专业合作社与蜂农之间相互更加了解，与政府直接与蜂农对接相比，信息不对称程度大大降低，因此，通过支持养蜂专业合作社使蜂农获益能够大大降低支持政策的执行成本，也能保证政策目标的精准性。

4. 蜜蜂良种补贴政策

除了目前在山东省试点的对优良种蜂王进行补贴外，还应将繁殖蜂王纳入蜂种补贴中。我国养蜂业长期以来采取蜂农自繁蜂王的生产模式，因蜂王繁殖条件不可人为控制，使得多数蜂农自繁蜂王品质下降，影响蜂群生产力，如果采用专业化生产蜂王模式，将会提高我国蜂群生产能力和生产效率。

5. 蜂病防治支持政策

对安全性高、残留率低的蜂药进行补贴，提高蜂群健康水平，提高蜂产品质量安全水平。同时，蜂病防治需要加大对蜂病的科研投入力度。

6. 适用的养蜂机具补贴政策

对蜂机具进行补贴，能提高养蜂现代化水平。对于蜂农反映强烈的在实际生产中不适用的蜂机具要及时进行研发更新和调整。

7. 健康养殖模式支持政策

对不使用其他蜂饲料的养蜂模式进行补贴。为了多获得蜂产品，以廉价的白糖、果糖或豆粉等作为蜜蜂的替代饲料的生产模式不仅会降低蜂产品品质，也会使蜂群的抵抗力下降，容易患病，降低蜂群生产力。而养蜂发达国家都不用其他蜂饲料来饲喂蜜蜂，这也是我国蜂蜜品质较低，缺乏国际竞争力的原因之一。因此要探索和回归不使用替代蜂饲料的养蜂模式，并对这种绿色生产模式进行扶持，以提高我国蜂产品的原生态水平，提高养蜂业生产力水平。

8. 有偿蜜蜂授粉服务引导性支持政策

有偿蜜蜂授粉服务不仅能为种植户带来效益，也是蜂农养蜂收入的一项重要补充，在美国，部分养蜂者的收入甚至主要来自于提供有偿蜜蜂授粉服务。美国的有偿蜜蜂授粉服务已经实现了市场化运营（Cheung，1973），但目前我国有偿蜜蜂授粉市场不完善，有偿蜜蜂授粉服务推广情况并不乐观，有的蜂农甚至免费给熟人提供授粉蜂也不愿意低价出租授粉蜂给陌生人。多数种植户没有意识到蜜蜂授粉的优势，使得有偿蜜蜂授粉服务的市场价格偏低，蜂农没有提供服务的积极性。因此，有偿蜜蜂授粉服务的推广需要政府进行一定干预，干预重点是大田种植且不能产生商品蜜的非蜜源作物。

基于外部性理论，对于蜜源作物，如油菜、苹果、枣树等，蜜蜂和蜜源作物之间互为外部性，蜂农和种植户互相得利，因此，这类作物的蜜蜂授粉无须政府干预。而对于非蜜源作物，如梨等，由于不能生产商品蜜，蜜蜂为其授粉通常是有偿的，但目前我国非蜜源作物有偿蜜蜂授粉服务市场存在失灵，需要政府干预和引导。

非蜜源作物的种植方式又分为大田和设施两种。由于蜜蜂有固定的飞行半径，同时我国农村土地经营规模较小，因此，对于大田种植的非蜜源作物来说，蜜蜂授粉具有较强的正外部性，农户为了减少自己租蜂而对邻居所产生的正外部性，最可能放弃蜜蜂授粉而采取没有外部性的人工授粉。而设施农业将农户的土地有效分隔开来，避免了蜜蜂授粉的外部性。所以设施作物的有偿蜜蜂授粉在我国推广相对较快。因此政府扶持政策的重点应放在大田作物。

综上，政府需要重点对依赖蜜蜂授粉的“大田非蜜源作物”有偿蜜蜂授粉服务进行政策干预和引导。

可采取的政策扶持手段，一是政府直接购买有偿蜜蜂授粉服务以进行引导和示范；二是调整和扩大户均土地种植面积；三是全村统筹协调租蜂授粉，以解决“蜜蜂授粉都需要，一家一户办不到”的困境。对于蜜蜂有偿授粉推广采取引导示范并逐渐市场化即可，鼓励农户以蜜蜂授粉取代植物激素授粉，促进农业产业绿色健康发展。

（四）小结

虽然迄今为止，政府对养蜂业的重视仍不够，但随着经济新常态的到来，新的发展理念和新的发展形势为养蜂业未来发展开创了新局面。随着农业供给侧结构性改革的深入推进和农村土地经营规模的不断扩大，以及农村劳动力紧缺、价格上涨的趋势不断增强，养蜂业对我国农业生产的重要性将日益显现。农业供给侧结构性改革的重要任务之一是调整农业种植业结构的重心向经济作物和园艺作物转移，这必然会引致农业生产对授粉的更多需求，而蜜蜂授粉是这些作物授粉的最好选择。加之蜜蜂授粉的原生态特性，满足了农业供给侧结构性改革对提升农产品质量和食品安全水平的要求。农牧业领域的补贴实践，以及对蜜蜂授粉重要性认识的逐步提高也为未来制定和实施养蜂扶持政策奠定了良好的基础。

参考文献

安建东，陈文锋 . 2011. 中国水果和蔬菜昆虫授粉的经济价值评估［J］. 昆虫学报，54（4）：443-450.

杜辉，张美文，陈池波 . 2010. 中国新农业补贴制度的困惑与出路：六年实践的理性反思［J］. 中国软科学（7）：1-7，35.

黄季焜，王晓兵，智华勇等 . 2011. 粮食直补和农资综合补贴对农业生产的影响［J］. 农业技术经济（1）：4-12.

梁崇波，马玉珍，罗其花 . 2015. 北京市密云县出台六项养蜂新政力促蜂产业发展［J］. 中国蜂业（8）：55-56.

刘朋飞等 . 2011. 中国农业蜜蜂授粉的经济价值评估［J］. 中国农业科学，44（24）：5 117-5 123.

马彦丽，杨云 . 2005. 粮食直补政策对农户种粮意愿、农民收入和生产投入的影响——一个基于河北案例的实证研究［J］. 农业技术经济（2）：7-13.

马玉珍 . 2008. 密云县扶持养蜂业　三年新增 4 万群［J］. 中国蜂业（2）：13.

孙翠清，赵芝俊 . 2012. 美国蜂蜜价格支持政策评价及其对我国的启示［J］. 农业技术经济（11）：114-122.

余建斌，韩瑞宏 . 2010. 种粮补贴政策对广东省农户种粮收益的作用效果与政策建议［J］. 农业现代化研究（7）：429-433。

周科 . 2009-05-05. 莎车县扶持养蜂业“一箭双雕”［N］. 喀什日报

（汉）.

Cheung Steven N S. 1973. The Fable of the Bees: An Economic Investigation [J]. Journal of Law and Economics (4), 16: 11-33.

Levin, M. D. 1983. Value of Crops Pollinated by Honey Bees [J]. Bulletin of the ESA, 29 (11): 50-51.

Mary K. Muth, Rucker R. R., Walter N. T., et al. 2003. The Fable of the Bees Revisited: Causes and Consequences of the U. S. Honey Program [J]. The Journal of Law & Economics, 46 (2): 479-516.

Morse, R. A., Calderone, N. W. 2000. The Value of Honey Bees as Pollinators of U. S. Crops in 2000 [J]. Bee Culture, 128 (3): 1-14.

Robinson, W. S., R. Nowogrodzki, R., Morse, R. A. 1989. The Value of Honey Bees as Pollinators of U. S [J]. Crops. American Bee Journal, Jun., 129 (7): 411-423, 477-487.

Southwick, E. E., Southwick, L. 1992. Estimating the Economic Value of Honey Bees (Hymenoptera: Apidae) as Agricultural Pollinators in the United States [J]. Journal of Economic Entomology, 85 (3): 621~635.

United States. 1985. General Accounting Office. Federal Price Support for Honey Shouldbe Phased Out. Report to The Congress, Aug. 19.

Williams, I. H. 1994. The dependence of crop production within the European Union on pollination by honey bees [J]. Agricultural Zoology Reviews (6), 229-257.